大数据技术精品系列教材

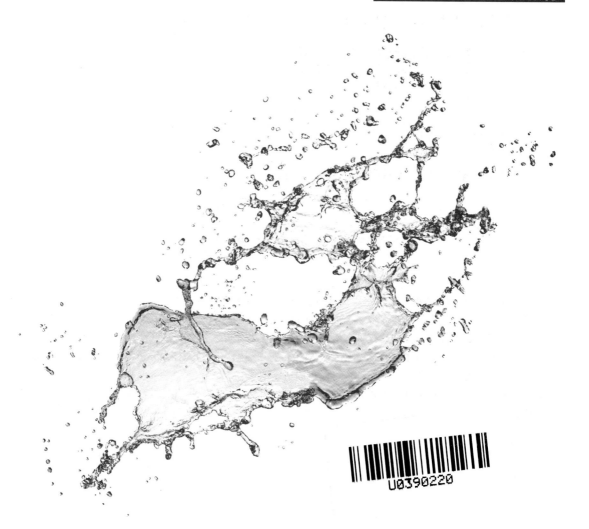

U0390220

Python
数据分析基础与案例实战

Data Analysis Fundamentals and Practices with Python

杨果仁 张良均 ◉ 主编

王海玲 王宁 蔡顺燕 ◉ 副主编

人民邮电出版社

北 京

图书在版编目（CIP）数据

Python数据分析基础与案例实战 / 杨果仁，张良均
主编. -- 北京：人民邮电出版社，2023.8（2024.4重印）
大数据技术精品系列教材
ISBN 978-7-115-62010-1

Ⅰ．①P… Ⅱ．①杨… ②张… Ⅲ．①软件工具－程序
设计－教材 Ⅳ．①TP311.561

中国国家版本馆CIP数据核字(2023)第112611号

内 容 提 要

本书以 Python 数据分析的常用技术与交通行业真实案例相结合的方式，深入浅出地介绍了 Python 数据分析与挖掘技术的主要内容。全书共 10 章，内容包括绪论、Python 数据分析简介、数据获取、数据探索、数据预处理、构建模型、运输车辆驾驶行为分析、公交车站点设置优化分析、铁路站点客流量预测，以及基于 TipDM 大数据挖掘建模平台实现运输车辆驾驶行为分析。本书大部分章节包含课后习题，通过练习和操作实践，读者可以巩固所学的内容。

本书可作为高校数据分析相关专业的教材，也可作为交通行业相关的教学、培训教材，还可作为数据分析爱好者的自学用书。

◆ 主　　编　杨果仁　张良均
　　副 主 编　王海玲　王　宁　蔡顺燕
　　责任编辑　赵　亮
　　责任印制　王　郁　焦志炜

◆ 人民邮电出版社出版发行　　北京市丰台区成寿寺路 11 号
　　邮编　100164　　电子邮件　315@ptpress.com.cn
　　网址　https://www.ptpress.com.cn
　　固安县铭成印刷有限公司印刷

◆ 开本：787×1092　1/16
　　印张：15.5　　　　　　　　　　　2023 年 8 月第 1 版
　　字数：343 千字　　　　　　　2024 年 4 月河北第 2 次印刷

定价：59.80 元

读者服务热线：**(010)81055256**　印装质量热线：**(010)81055316**
反盗版热线：**(010)81055315**
广告经营许可证：京东市监广登字 20170147 号

大数据技术精品系列教材
专家委员会

杨　坦（华南师范大学）　　　　　杨　虎（重庆大学）

杨志坚（武汉大学）　　　　　　　杨治辉（安徽财经大学）

肖　刚（韩山师范学院）　　　　　吴孟达（国防科技大学）

吴阔华（江西理工大学）　　　　　邱炳城（广东理工学院）

余爱民（广东科学技术职业学院）　沈　洋（大连职业技术学院）

沈凤池（浙江商业职业技术学院）　宋汉珍（河北石油职业技术大学）

宋眉眉（天津理工大学）

张　敏（广东泰迪智能科技股份有限公司）

张尚佳（广东泰迪智能科技股份有限公司）

张治斌（北京信息职业技术学院）　张积林（福建工程学院）

张雅珍（陕西工商职业学院）　　　陈　永（江苏海事职业技术学院）

武春岭（重庆电子工程职业学院）　林智章（厦门城市职业学院）

赵　强（山东师范大学）　　　　　胡支军（贵州大学）

胡国胜（上海电子信息职业技术学院）

施　兴（广东泰迪智能科技股份有限公司）

秦宗槐（安徽商贸职业技术学院）　韩中庚（信息工程大学）

韩宝国（广东轻工职业技术学院）　曾文权（广东科学技术职业学院）

蒙　飚（柳州职业技术学院）　　　谭　旭（深圳信息职业技术学院）

谭　忠（厦门大学）　　　　　　　薛　毅（北京工业大学）

魏毅强（太原理工大学）

序 # FOREWORD

随着"大数据"时代的到来，移动互联网和智能手机迅速普及，多种形态的移动互联网应用蓬勃发展，电子商务、云计算、互联网金融、物联网、虚拟现实、智能机器人等不断渗透并重塑传统产业，而与此同时，大数据当之无愧地成为新的"产业革命核心"。

2019年8月，联合国教科文组织以联合国6种官方语言正式发布《北京共识——人工智能与教育》。其中提出，"通过人工智能与教育的系统融合，全面创新教育、教学和学习方式，并利用人工智能加快建设开放灵活的教育体系，确保全民享有公平、适合每个人且优质的终身学习机会"。这表明基于大数据的人工智能和教育均进入了新的阶段。

高等教育是教育系统中的重要组成部分，高等院校作为人才培养的重要载体，肩负着为社会培育人才的重要使命。2018年6月21日的新时代全国高等学校本科教育工作会议首次提出了"金课"的概念。"金专""金课""金师"迅速成为新时代高等教育的热词。如何建设具有中国特色的大数据相关专业，以及如何打造世界水平的"金专""金课""金师""金教材"是当代教育教学改革的难点和热点。

实践教学是指在一定的理论指导下，通过实践引导，使学习者获得实践知识、掌握实践技能、锻炼实践能力、提高综合素质的教学活动。实践教学在高校人才培养中有着重要的地位，是巩固理论知识和加深理论理解的有效途径。目前，高校大数据相关专业的教学体系设置过多地偏向理论教学，课程设置冗余或缺漏，知识体系不健全，且与企业实际应用契合度不高，学生无法把理论转化为实践技能。为了有效解决该问题，"泰迪杯"数据挖掘挑战赛组委会与人民邮电出版社共同策划了"大数据技术精品系列教材"，这恰好与2019年10月24日教育部发布的《教育部关于一流本科课程建设的实施意见》（教高〔2019〕8号）中提出的"坚持分类建设""坚持扶强扶特""提升高阶性""突出创新性""增加挑战度"原则契合。

"泰迪杯"数据挖掘挑战赛自2013年创办以来，一直致力于推广高校数据挖掘实践教学，培养学生数据挖掘的应用和创新能力。挑战赛的赛题均为经过适当简化和加工的实际问题，来源于各企业、管理机构和科研院所等，非常贴近现实的热点需求。赛题中的数据只做必要的脱敏处理，力求保持原始状态。竞赛围绕数据挖掘的整个流程，从数据采集、数据迁移、数据存储、数据分析与挖掘，到数据可视化，涵盖企业应用中的各个环节，与目前大数据专业人才培养目标高度一致。"泰迪杯"数据挖掘挑战赛不依赖数学建模，甚至不依赖传统模型的竞赛形式，这使得"泰迪杯"数据挖掘挑战赛在全国各大高校反响热烈，且得到了全国各界专家、学者的认可与支持。2018年，"泰迪杯"增加了子赛项——数据分析技能赛，为应用型本科、高职和中职技能型人才培养提供理论、技术和资源方面的支持。截至2021年，全国共有超1000所高校，约2万名研究生、9万名本科生、2万名高职生参加了"泰迪杯"数据挖掘挑战赛和数据分析技能赛。

本系列教材的第一大特点是注重学生的实践能力培养，针对高校实践教学中的痛点，首次提出"鱼骨教学法"的概念。以企业真实需求为导向，学生学习技能时能紧紧围绕企业实际应用需求，将学生需掌握的理论知识，通过企业案例的形式进行衔接，达到知行合一、以用促学的目的。第二大特点是以大数据技术应用为核心，紧紧围绕大数据应用闭环的流程进行教学。本系列教材涵盖企业大数据应用中的各个环节，符合企业大数据应用真实场景，使学生从宏观上理解大数据技术在企业中的具体应用场景及应用方法。

在教育部全面实施"六卓越一拔尖"计划2.0的背景下，对如何促进我国高等教育人才培养体制机制的综合改革，以及如何重新定位和全面提升我国高等教育质量，本系列教材将起到抛砖引玉的作用，从而加快推进以新工科、新医科、新农科、新文科为代表的一流本科专业的"双万计划"建设；落实"让学生忙起来、让教学活起来、让管理严起来"措施，让大数据相关专业的人才培养质量有质的提升；借助数据科学的引导，在文、理、农、工、医等方面全方位发力，培养各个行业的卓越人才及未来的领军人才。同时本系列教材将根据读者的反馈意见和建议及时改进、完善，努力成为大数据时代的新型"编写、使用、反馈"螺旋式上升的系列教材建设样板。

汕头大学校长
教育部高校大学数学课程教学指导委员会副主任委员
"泰迪杯"数据挖掘挑战赛组织委员会主任
"泰迪杯"数据分析技能赛组织委员会主任

2021年7月于粤港澳大湾区

前 言 # PREFACE

在我国大数据产业整体规模持续扩大的背景下，基于丰富的城市交通管理数据资源，城市交通行业成为大数据应用较早落地的行业之一。数据分析与挖掘技术为解决交通行业大数据应用落地问题提供了技术基础，能帮助企业更为高效地处理业务问题。本书全面贯彻党的二十大精神，定位为交通行业数据分析与挖掘的入门级教程，以社会主义核心价值观为引领，加强基础研究、发扬斗争精神，针对交通行业的数据实例，通过理论结合实践的方式带领初学者快速掌握使用 Python 进行数据分析的方法，力求为建设社会主义文化强国、交通强国、数字强国、人才强国添砖加瓦。

本书特色

- 紧扣交通大数据分析全流程。本书基于数据分析的流程，结合交通大数据讲解流程中的每个环节，详细介绍如何使用 Python 实现交通大数据分析的完整流程，并通过课后习题帮助读者巩固所学知识。
- 注重项目实战应用。本书通过讲解实际交通行业的相关项目，让读者明确如何利用所学知识来解决生产、生活中的问题，真正理解并能够应用所学知识。
- 注重启发式教学。全书大部分章节紧扣具体应用展开，不堆积知识点，着重于思路的启发与解决方案的实施。

本书适用对象

- 开设有数据分析与挖掘课程的交通行业高校的学生。
- 数据分析与挖掘应用的开发人员。
- 进行数据分析应用研究的科研人员。

资源下载及问题反馈

为了帮助读者更好地使用本书，本书配有原始数据文件、Python 程序代码，以及 PPT 课件、教学大纲、教学进度表和教案等教学资源，读者可以从泰迪云教材网站免费下载，也可登录人民邮电出版社教育社区（www.ryjiaoyu.com）下载。同时欢迎教师加入 QQ 交流群"人邮大数据教师服务群"（669819871）进行交流探讨。

由于编者水平有限，书中难免出现一些疏漏和不足之处。如果读者有宝贵的意见，欢迎在泰迪学社微信公众号（TipDataMining）回复"图书反馈"进行反馈。更多关于本系列图书的信息可以在泰迪云教材网站查阅。

编　者
2023 年 6 月

泰迪云教材

目录 CONTENTS

第 **1** 章 绪论

现如今，随着大数据行业的蓬勃发展，大数据与人们的生活早已息息相关。日常生活中的衣食住行都会产生大量的数据。这些数据看似杂乱无章，但在"抽丝剥茧"后就可以发现其中的规律，坚持系统观念。只有用普遍联系的、全面系统的、发展变化的观点观察事物，才能把握事物发展规律。如何在这些海量数据中挖掘到想要的结果，是目前一个非常热门的研究方向。本章主要介绍交通大数据的背景与应用、数据分析的基本任务和基本流程、常用的数据分析工具以及如何配置 Python 开发环境。

学习目标

（1）了解交通大数据的背景与应用。
（2）掌握数据分析的基本任务。
（3）熟悉数据分析的基本流程。
（4）了解常用的数据分析工具。
（5）掌握配置 Python 开发环境的方法。

1.1　了解交通大数据

随着"云时代"的来临，大数据也受到了越来越多的关注。而交通大数据作为其下的分支，自然备受关注。接下来简单介绍交通大数据的背景以及应用。

1.1.1　交通大数据的背景

随着交通运输服务行业的发展、城市规模的不断扩大以及城市智能化进程的加快，大数据在交通运输领域中的应用也成为当下的热点。大数据的应用改变了交通运输的规律，使人们重新认识了交通需求以及交通运输的内在规律。海量数据不仅能为企业带来商业价值，也能为社会带来巨大的价值。科学、合理地使用这些数据将使未来的生活产生极大的改变。

交通大数据是将所有与交通有关的数据信息整合到一起的数据链。交通行业是天然的大数据行业。随着交通领域技术的发展及应用的推广，每天产生的交通数据信息量能够达到 PB 级别，并且呈几何级别增长。交通大数据的来源主要有公路、铁路及城市交通管理系统中的信息服务平台以及道路流量检测、道路监控、车牌识别、电子监控、路上称重、公交运营、长途客运售票、地铁售票、铁路售票、出租车调度、停车管理、公共自行车运营、公交一卡通统计等场景。

1．交通大数据的特征

大数据已经渗透到各个行业和业务职能领域，并成为重要的生产要素。目前普遍认为大数据具有大量（Volume）、多样（Variety）、高速（Velocity）、价值（Value）等特征。而交通大数据作为大数据的一种，自然也具备同样的特征。交通大数据的特征如表 1-1 所示。

表 1-1　交通大数据的特征

特征	概述
大量	交通大数据所涉及的交通信息类型特别多，每种信息产生的数据量也非常庞大。以车辆轨迹为例，每辆车每秒钟会生成一条轨迹数据，一辆车一天生成的轨迹数据可能会有几千到几万条。如果考虑到整个城市的车辆数量，每天生成的轨迹数据量就非常庞大
多样	涉及面的广大决定了交通大数据形式的多样性。比如行人出行相关的数据，包括出行方式（字符串类型）、出行时间（时间类型）、目的地（地理信息）等。如果扩展到其他类型的交通信息，数据的多样性会更强，每个区域，每段时间，都会产生各种各样的数据。有结构化明显的车辆基础信息数据，还有一些结构化不明显的数据，如图片、音频、视频等
高速	交通大数据的产生和处理速度需要非常快。在城市中采集的交通数据可能包括车辆的 GPS（Global Positioning System，全球定位系统）位置、速度、方向等信息，这些数据需要在短时间内被收集、传输和处理。如果这些数据不能及时处理，交通系统可能会遇到各种问题，如交通拥堵、事故等
价值	交通大数据中隐藏着巨大价值，但是价值的密度较低，往往需要对大量的数据进行挖掘和分析，才能获得需要的信息

2．交通大数据发展面临的挑战

机遇往往伴随着挑战。随着智能交通技术的发展及应用的推广和深入，交通大数据发展同样面临巨大挑战，如表 1-2 所示。

表 1-2　交通大数据发展面临的挑战

挑战	概述
数据采集的质量	由于缺乏资金、信息化建设速度慢、缺乏统一的数据采集标准、缺乏各部门之间的协作机制等问题，导致数据采集的质量受到很大的影响
数据存储压力	交通大数据突出的特点是"庞大"，采集到的数据规模庞大、类型多，有结构化、半结构化和非结构化（语音、视频等）的数据，但数据存储技术的发展速度落后于交通大数据的更新速度和应用需求的增长速度

续表

挑战	概述
数据共享	由于交通大数据分散在不同单位和政府部门，彼此孤立，所以很难实现数据共享；就连交通部门内部的数据共享也难以实现
数据的分析处理	由于交通大数据规模庞大、价值密度很低、对时效性处理要求很高等，所以需要根据不同的应用需求建立不同的数据分析模型，实现对数据的有效深入分析
数据应用	智能交通大数据应用群体多，如普通出行者、交通规划与管理部门、咨询机构等。如何开发个性化的智能交通大数据应用系统，以满足不同用户群体的需求，也是未来交通大数据发展与应用中面临的挑战

3. 交通大数据服务的用户

交通大数据服务的用户主要包括行人、乘客、驾驶员以及企业等。这些用户主要关心的是通往目的地的道路交通状态信息，如路况信息、拥挤与事件信息、交通管制信息等，并据此做出合理的出行计划。用户对基础交通信息的需求如表 1-3 所示。

表 1-3　用户对基础交通信息的需求

用户主体	对基础交通信息的需求
驾驶员	了解车辆的诱导信息，如出行前需要了解路网与当前交通状况信息，选择最佳出行路线；行驶过程中需要了解动态交通信息，包括事故、施工、拥堵等，以便调整路线；遇到事故时能够得到及时救援；停车时希望了解停车信息等
乘客	了解到达目的地的各种交通手段、路线、时间以及途中的各种服务
特种车辆驾驶员	了解优先通行策略和行驶过程中的诱导信息、安全警告信息和调度信息
车辆所有者	车辆收费、管理信息应通过车辆信息与自动定位、收费装置完成采集；车辆被盗后应当能够尽快通过先进的通信手段报警；当车辆在非运行状态下发生意外损坏时，通过车辆自动报警装置发出警报
行人、非机动车骑行者、摩托车驾驶员	通过先进的信号系统，在弯道、路口、狭窄街道等视野受限制区域，能感知行驶车辆的存在、速度、转向和变更路线等行驶状态或意向；在行进途中遭遇突发疾病、抢劫等意外事件时，能发送紧急求救信号并通告所在位置
交通管理部门	可通过监控系统实时地对路网进行监控；施工、阻塞以及发生交通事故时，应自动确定地点、路段和车辆，并自动调度警力前往事发地点进行处理；为了保证紧急车辆快速、顺利到达事发地点，希望了解路网信息、路况信息、紧急事件相关信息，并将道路状况及时通过信息系统发布
公安机关	通过先进的通信手段或监控系统在第一时间获得车辆被盗、驾驶员人身安全等信息，运用定位技术自动确定事发地点，自动调度警力进行处理；对公共运输设施、停车场、警车内部（包括警车、公安人员和犯罪嫌疑人）安全进行监视、监测，利用通信与感测技术，通过显示和预警装置向公安人员提供足够的交通信息，帮助其做出合适的决策

用户主体	对基础交通信息的需求
汽车运输公司	通过监控系统了解车辆的运营和客流状况，及时根据客流变化调整调度；遇到车辆故障及其他紧急事件时，应发出报警信号并迅速采取相应措施；当进行危险品运输时，提供通告、监控、路线引导等特殊的安全服务
基础设施（包括道路、换乘枢纽等）建设与管理部门	了解基础设施的位置信息，运用先进的通信和监控手段，对可能造成基础设施破坏的危险品运输提供自动检测、通告、路线引导等服务，以保障基础设施的安全；通过监控系统实时监控换乘枢纽的运转状况；对安全隐患发出警告信号；一旦出现紧急情况，自动报警并自动引导乘客通过紧急通道进行疏散
消防部门	通过先进的通信手段接收消防救援信号，自动定位，引导消防车在第一时间到达事发地点
急救中心	通过先进的通信手段接收医疗紧急救援信号，自动定位，并迅速派出救护车进行紧急医疗救护
车辆维修公司	通过先进的通信手段接收车辆故障信息，自动定位，并迅速提供维修服务

1.1.2 交通大数据的应用

人们在日常出行时经常会遇见各种交通相关的问题，如交通堵塞、找不到公交车站点的位置、不清楚列车的发车间隔时间等，运用交通大数据可以很好地解决上述问题。例如，各大地图导航软件通过对历史数据、实时数据、道路情况等进行分析，预测从当前地点到达目的地的时间，给用户提供多种不同组合的选择，并推荐时间最短的组合。通过对用户的引导，可极大地缓解交通压力。交通大数据的常见应用场景如下。

1. 农产品冷链物流

交通大数据一个主要的应用就是将路面采集数据、城市交通参与车辆的全球定位系统数据与电子地图定位导航数据进行多元融合和加工，生成高准确率和高覆盖率的实时路况信息。对于时效性要求较高的生鲜农产品冷链物流配送来说，可利用冷链配送管理信息系统，通过交通大数据平台获取道路、实时路况等信息来管理和指挥在途车辆进行配送，同时用户也可通过此平台对车辆和货物进行查询并反馈信息。车辆将路况、位置等信息反馈给冷链配送管理信息系统，与此同时，用户、车辆甚至配送方的数据和信息也将通过冷链配送管理信息系统和交通大数据平台被公共数据云收集。

2. 互联网租赁自行车

互联网租赁自行车可以深入城市各个角落，弥补其他出行方式的服务空白，其便捷的租还和支付方式以及高分布密度配置等优势，提高了用户的出行体验和出行效率，受到广大用户的喜爱。然而自20世纪90年代以来，以机动车为导向的城市发展逐渐挤压自行车的骑行与停放空间。互联网租赁自行车的发展影响着人们的出行方式，也推动着城市规划和管理者对城市空间和道路资源的重新认识。同时，互联网租赁自行车出行产生的大量基于时间和位置的数据为描述和理解城市空间结构提供了新的途径。因此，有必要通过对骑行大数据的时间和空间分析揭示骑行需求规律，为城市相关规划建设、行业管理部门和运营企业合作建立科学的投放与管理机制等提供技术支撑。

3. 汽车自动驾驶

随着我国经济的飞速发展，汽车保有量不断提高，随之也涌现出大量的环境问题、空间问题以及至关重要的安全问题。数量庞大的汽车和复杂的驾驶环境为人工智能的应用提供了海量数据。通过布置在车辆上的传感器收集路况信息，利用算法挖掘有效数据，分析驾驶员的驾驶习惯，将其运用到自动驾驶之中可以实现安全、高效的通行。

4. 公交车站点优化设置

随着中国城镇化的快速发展，城市人口数量急剧增加，城市公共交通面临前所未有的压力。城市公共交通具有大容量、低碳环保等优势，是缓解城市交通压力、解决城市居民出行问题的最佳选择。但传统公交系统存在信息化和智能化水平较低、公交路线规划不合理、服务水平较低等缺点，导致城市公交可达性较差，难以满足日益增长的城市出行需求。利用交通大数据优化公交车站点的设置，可提高城市居民的出行效率和乘车体验，同时提高城市居民的幸福指数。

5. 航空客户价值分析

航空交通具有时效快的优势，对于长距离旅途而言有非常重要的意义，尤其是在目前的社会环境中，人们的生活水平有了进一步的提升，这为航空公司规模的扩大提供了条件。为了满足当前的航空运输需求，需要对企业的发展进行升级和优化。但是随着高铁、动车等铁路运输的发展，航空公司同样受到巨大冲击，因此航空公司从价格、服务间的竞争逐渐转向对挖掘客户的竞争。航空公司利用大数据技术对客户数据进行分析，可以挖掘出隐藏的高价值客户。

6. 铁路运输

近年来，高速铁路以其快捷、准时、安全、环保的特点，在我国乃至世界范围内高速发展。随着我国高速铁路路网规模的逐步扩大和运营里程的增加，铁路旅客的运输能力得到逐步增强，运输供不应求的局面得到缓解，铁路运输生产正逐步由粗放化向精细化转换。客流作为铁路运输组织的基础和关键因素，其分析工作是一个复杂的过程。如何对客流的分布特征及变化规律进行系统分析，掌握客流现状与变化趋势，对铁路开行方案、营销策略、客票销售等都具有重要意义。

1.2　认识数据分析

数据分析是指根据分析目的，采用不同的分析方法对收集的数据进行处理与分析，提取有价值的信息，发挥数据的作用，得到一个特征统计量结果的过程。

1.2.1 掌握数据分析的基本任务

数据分析的基本任务是利用分类与回归、聚类、关联规则、智能推荐、时间序列等方法，帮助企业提取数据中蕴含的商业价值，提高企业的竞争力。具体的方法介绍如下。

（1）分类与回归。分类是一种对离散型随机变量建模或预测的方法，反映的是如何找出同类事物之间的相同特征，以及不同事物之间的差异特征，用于将数据集中的每个对象归结到某个已知的对象类中。回归是通过建立模型来研究变量之间相互关系的密切程度、结构状态及进行模型预测的一种有效工具。分类与回归广泛应用于医疗诊断、信用卡的信用分级、图像模式识别、风险评估等领域。

（2）聚类。聚类是在预先不知道类别标签的情况下，根据信息相似度原则进行信息集聚的一种方法。聚类的目的是使得属于同一类别的个体之间的差别尽可能小，而不同类别的个体之间的差别尽可能大。因此，聚类的意义在于将类似的事物组织在一起。通过聚类，人们能够识别密集的和稀疏的区域，从而发现全局的分布模式，以及数据属性之间的隐性关系。聚类分析广泛应用于商业、生物、地理、网络服务等领域。

（3）关联规则。关联规则是一种使用较为广泛的模式识别方法，旨在从大量的数据当中发现特征之间或数据之间在一定程度上的依赖或关联关系。关联规则分析广泛用于市场营销、事务分析等应用领域。

（4）智能推荐。智能推荐用于联系用户和信息，帮助用户发现对自己有价值的信息，同时让这些有价值的信息能够展现给对此感兴趣的用户，从而实现信息用户和信息生产者的双赢。智能推荐广泛应用于金融、电商、服务等领域。

（5）时间序列。时间序列是对在不同时间下取得的样本数据进行挖掘，用于分析样本数据之间的变化趋势。时间序列广泛用于股指预测、生产过程监测、电气系统监测、销售额预测等应用领域。

1.2.2 熟悉数据分析的基本流程

数据分析的基本流程包括需求分析、数据获取、数据探索、数据预处理、分析与建模、模型评价与优化、模型预测与输出。各个流程的具体内容如下。

1. 需求分析

针对具体的数据挖掘应用需求，首先需要明确数据挖掘的目标是什么，以及系统完成后要达到什么样的效果。数据分析中的需求分析是数据分析环节的第一步和最重要的步骤之一，决定了后续分析的方向、方法。需求分析的主要内容是根据业务、生产、财务等部门的需要，结合现有的数据情况，提出数据分析的整体分析方向、分析内容，最终和需求方达成一致意见。

2. 数据获取

在明确数据挖掘的目标后，接下来就需要获取与挖掘目标相关的数据。数据通常可以分为网络数据与本地数据。网络数据是指互联网中的各类视频、图片、语音、文字等信息，本地数据则是指存储在本地数据库中的数据。本地数据按照数据时间又可以划分为两部分：历史数据与实时数据。历史数据是指系统在运行过程中遗存下来的数据，其数据量随系统运行时间增加而增长。实时数据是指最近一个单位时间周期（月、周、日、小时等）产生的数据。

3. 数据探索

当拿到一个样本数据集后，首先查看数据是否符合质量要求；注意其中的异常值、缺失值；数据中是否存在明显的规律和趋势，如分布情况以及周期性；有没有出现从未设想过的数据状态；属性之间有什么相关性；它们可区分成怎样的一些类别等。这些都是需要进行探索的内容。

4. 数据预处理

当采样数据的表达形式不一致时，如何进行数据变换、数据合并等都是数据预处理要解决的问题。

由于采样数据中常常包含许多含有噪声、不完整甚至不一致的数据，所以需要对数据进行预处理以改善数据质量，最终达到完善数据挖掘结果的目的。

数据预处理主要包括重复值处理、缺失值处理、异常值处理、函数变换、数据标准化、数据离散化、独热编码、数据合并等。

5. 分析与建模

样本获取完成并经预处理后，需要考虑本次建模要使用的数据分析方法（分类与回归、聚类、关联规则、智能推荐或时间序列等），还需要考虑选用哪种算法进行模型构建更为合适。

其中，分类与回归算法主要包括线性模型、决策树、KNN（K-Nearest Neighbor，K-最近邻）、SVM（Support Vector Machine，支持向量机）、神经网络、集成算法等；聚类算法主要包括 K-Means 聚类、密度聚类、层次聚类等；关联规则主要包括 Apriori、FP-Growth 等；智能推荐主要包括协同过滤推荐算法等；时间序列主要包括 AR（Autoregressive Model，自回归模型）、MA（Moving Average Model，滑动平均模型）、ARMA（Autoregressive Moving Average Model，自回归滑动模型）、ARIMA（Autoregressive Integrated Moving Average Model，自回归差分整合滑动模型）等。

6. 模型评价与优化

建模过程中会得出一系列的分析结果，模型评价的目的之一就是依据这些分析结果从训练好的模型中寻找出一个表现最佳的模型，还需要结合业务场景对模型进行解释和应用。用于分类与回归模型、聚类模型、智能推荐模型等的评价方法是不同的。

7. 模型预测与输出

选择好模型、调整好参数并且训练完毕后，将需要预测的数据放入模型中，即可得到想要的预测结果，如分类与回归模型输出样本的类别或数值结果、聚类模型输出样本的分群结果、关联规则模型输出强关联规则。

1.3 了解常用的数据分析工具

数据分析是一个反复探索的过程，只有将数据分析工具提供的技术和实施经验与企业的业务逻辑和需求紧密结合，并在实施过程中不断地磨合，才能取得良好的效果。常用的几种数据分析工具如下。

1. Python

Python 是一种面向对象、解释型的计算机程序设计语言，它拥有高级数据结构，并且能够用简单而又高效的方式进行面向对象编程。但是 Python 并没有提供一个专门的数据挖掘环境，它提供众多的扩展库，如 NumPy、SciPy、Matplotlib 和 scikit-learn 等。其中 NumPy、SciPy 和 Matplotlib 是十分经典的科学计算扩展库，它们分别为 Python 提供了快速数组处理、数值运算和绘图功能，而 scikit-learn 库中包含很多分类器的实现以及聚类相关的算法。因为有了这些扩展库，所以 Python 成为数据挖掘常用的语言，也是比较适合数据挖掘的语言。

2. R

R 是拥有一套完整的数据处理、计算和制图功能的语言，其专注于统计分析、数据挖掘和机器学习，在数据科学领域拥有巨大影响力。R 语言在保证语法简单的同时，兼顾了程序设计语言的逻辑与自然语言的风格，且源代码开源，可以部署在任何操作系统。它还提供了一些集成的统计工具，以及各种数学计算、统计计算的函数，从而使使用者能灵活地进行数据分析，甚至创造出符合需求的新的统计计算方法。

3. IBM SPSS Modeler

IBM SPSS Modeler 原名为 Clementine，2009 年被 IBM 收购后对产品的性能和功能进行了大幅度改进和提升。它封装了先进的统计学和数据挖掘技术，来获得预测知识并将相应的决策方案部署到现有的业务系统和业务过程中，从而提高企业的效益。IBM SPSS Modeler 拥有直观的操作界面、自动化的数据准备和成熟的预测分析模型。

4. SQL Server

SQL Server 是 Microsoft 公司推出的关系型数据库管理系统，它集成了数据分析组件——Analysis Services，支持对业务数据进行快速分析。SQL Server 2008 中提供了决策树算法、聚类算法、朴素贝叶斯（Naive Bayes）算法、关联规则算法、时间序列算法、神经网络算法、线性回归算法等常用的数据分析算法。但是其预测建模的实现是基于 SQL Server 平台的，平台移植性相对较差。

5．TipDM

TipDM 大数据挖掘建模平台是基于 Python 引擎、用于数据挖掘建模的开源平台，其采用 B/S 结构，用户不需要下载客户端，可通过浏览器进行访问。它支持数据挖掘流程所需的主要过程：数据探索（相关性分析、主成分分析、周期性分析等）；数据预处理（特征构造、记录选择、缺失值处理等）；构建模型（聚类模型、分类模型、回归模型等）；模型评价（R-Squared、混淆矩阵、ROC 曲线等）。用户可在没有 Python 编程基础的情况下，通过拖曳的方式进行操作，将数据输入输出、数据预处理、挖掘建模、模型评价等环节通过流程化的方式进行连接，以达到数据分析与挖掘的目的。

1.4　配置 Python 开发环境

在开始正式的数据分析工作之前，还有一个重要工作是配置 Python 的开发环境。

1.4.1　安装 Anaconda

Anaconda 是 Python 的集成开发环境，可以便捷地获取库，且提供对库的管理功能，可以对环境进行统一管理。读者可以进入 Anaconda 发行版官方网站，下载 Windows 系统下的 Anaconda 安装包。安装 Anaconda 的具体步骤如下。

（1）单击图 1-1 所示的"Next"按钮进入下一步。

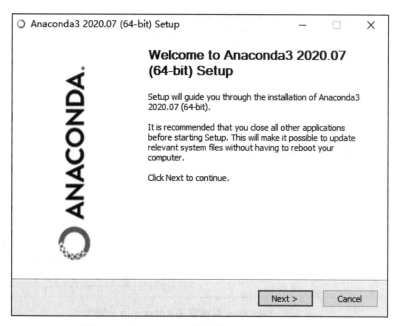

图 1-1　Windows 系统安装 Anaconda 步骤 1

（2）单击图 1-2 所示的"I Agree"按钮，同意上述协议进入下一步。

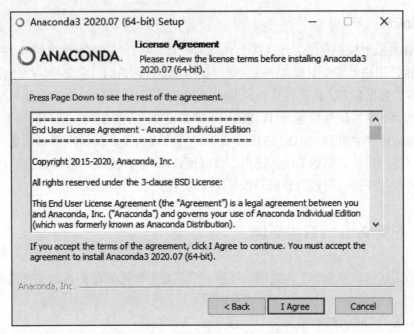

图 1-2　Windows 系统安装 Anaconda 步骤 2

（3）选择图 1-3 所示的"All Users(requires admin privileges)"单选按钮，然后单击"Next"按钮，进入下一步。

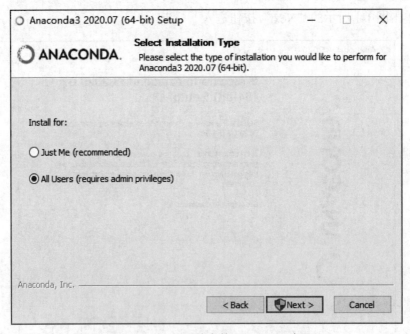

图 1-3　Windows 系统安装 Anaconda 步骤 3

（4）单击图 1-4 所示的"Browse"按钮选择在指定的路径安装 Anaconda，选择完成后单击"Next"按钮，进入下一步。

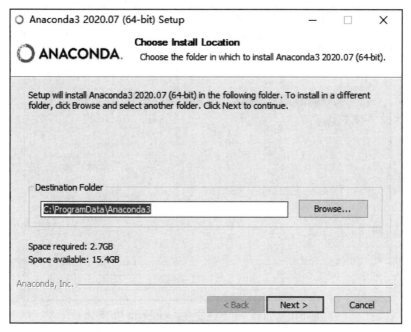

图 1-4　Windows 系统安装 Anaconda 步骤 4

（5）图 1-5 所示的两个复选框分别代表允许将 Anaconda3 添加到系统路径环境变量、允许其他程序自动将 Anaconda3 使用的 Python 3.8 检测为系统上的主要 Python 版本。勾选这两个复选框后，单击"Install"按钮，等待安装结束。

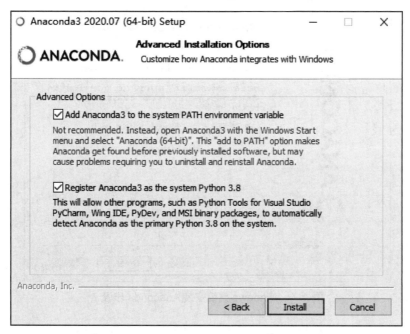

图 1-5　Windows 系统安装 Anaconda 步骤 5

（6）当安装进度条满格时，如图 1-6 所示，一直单击"Next"按钮即可。

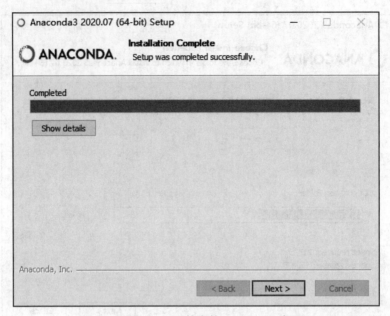

图 1-6 Windows 系统安装 Anaconda 步骤 6

（7）当出现图 1-7 所示的界面时，可取消勾选界面上的"Anaconda Individual Edition Tutorial""Learn More About Anaconda"复选框，单击"Finish"按钮，即可完成 Anaconda 的安装。

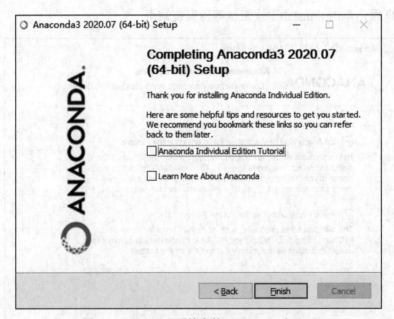

图 1-7 Windows 系统安装 Anaconda 步骤 7

1.4.2 掌握 Jupyter Notebook 的使用方法

Jupyter Notebook 是一种 Web 应用，能让用户将说明文本、数学方程、代码和可视化

内容全部组合到一个易于共享的文档中，其已包含在 Anaconda 中。使用 Jupyter Notebook
运行 Python 程序的具体步骤如下。

（1）在开始菜单栏里找到"Anaconda3 (64-bit)"文件夹，单击其中的"Jupyter Notebook"，
如图 1-8 所示。

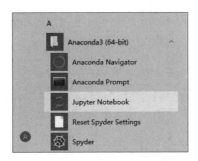

图 1-8　单击"Jupyter Notebook"

（2）在默认浏览器中打开 Jupyter Notebook 后，单击右上角的"New"按钮，再单击
"Python 3"创建一个新文件，如图 1-9 所示。

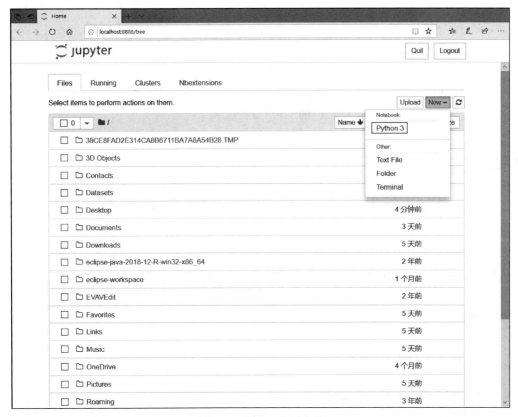

图 1-9　创建一个新文件

（3）在代码框中编写完程序后，单击框内左侧的运行按钮运行程序，如图 1-10 所示。

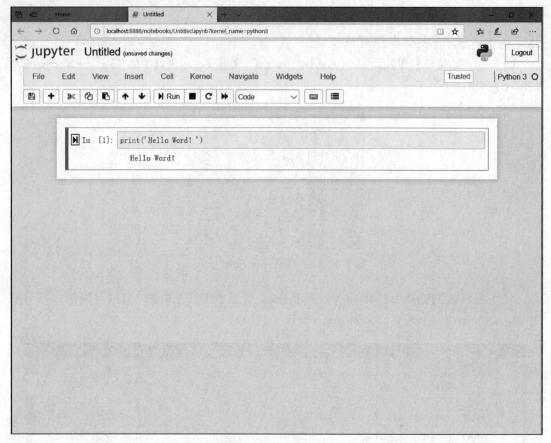

图 1-10 运行程序

小结

本章介绍了交通大数据的背景与应用，数据分析的基本任务、基本流程和常用工具，以及 Python 开发环境的配置。其中，数据分析的基本流程包括需求分析、数据获取、数据探索、数据预处理、分析与建模、模型评价与优化、模型预测与输出；常用的数据分析工具包括 Python、R、IBM SPSS Modeler、SQL Server 和 TipDM 等。

课后习题

选择题

（1）交通大数据的特征不包括（　　）。
    A. 大量　　　　　B. 多样　　　　　C. 整体　　　　　　D. 高速
（2）下列不属于数据分析基本流程的是（　　）。
    A. 数据预处理　　B. 配置环境　　　C. 模型评价与优化　D. 分析与建模

（3）下列是聚类算法的是（　　　）。

    A．K-Means　　　B．SVM　　　　　C．Apriori　　　　　D．ARIMA

（4）下列属于数据分析工具的是（　　　）。

    A．Python　　　　B．Word　　　　　C．PowerPoint　　　　D．Photoshop

（5）以下哪个不是交通大数据的应用？（　　　）

    A．航空客户价值分析　　　　　　B．公交车站点优化设置

    C．汽车自动驾驶　　　　　　　　D．天气预报

第 ❷ 章 Python 数据分析简介

在 Python 中，数据分析编程是进行数据分析的重要步骤。要掌握数据分析编程，则需要对其基础知识有一定的了解。本章致力于讲述数据分析编程的基础知识，先介绍 Python 数据分析的基本命令、数据结构以及 Python 库的导入与添加方法，然后针对 Python 数据分析的常用扩展库进行相应的介绍，从而让读者对 Python 数据分析编程基础有一定的了解。

学习目标

（1）了解 Python 数据分析的基本命令。
（2）掌握 Python 数据分析的数据结构。
（3）掌握 Python 库的导入与添加方法。
（4）了解 Python 数据分析的常用扩展库。

2.1 入门 Python 数据分析

对于 Python 的初学者，首先需要了解 Python 语言的基本命令、掌握常见的 Python 数据结构以及 Python 库的导入与添加方法。

2.1.1 了解基本命令

Python 包含许多命令，可用于实现各种各样的功能。对于初学者，通过掌握其基本命令的使用，如基本运算、判断与循环、函数等，便可快速地打开 Python 语言的大门。

1. 基本运算

认识 Python 的第一步，可以将其当作一个方便的计算器。读者可以打开 Python，试着输入代码 2-1 所示的命令。

代码 2-1　Python 基本运算

```
a = 3
a * 3
a ** 3
```

代码 2-1 所示的命令是 Python 几个基本的运算，第一个是赋值运算，第二个是乘法运算，第三个是幂运算（即 a^3）。代码 2-1 所示的命令基本上是所有编程语言通用的。不过 Python 支持多重赋值，方法如下。

```
a, b, c = 1, 2, 3
```

这条多重赋值命令相当于如下命令。

```
a = 1
b = 2
c = 3
```

Python 支持对字符串进行灵活操作，如代码 2-2 所示。

代码 2-2　Python 字符串操作

```
a = 'This is the Python world'
a + ' Welcome!'  # 将a与' Welcome!'拼接，得到'This is the Python world Welcome!'
a.split(' ')  # 将a以空格分隔，得到列表['This', 'is', 'the', 'Python', 'world']
```

2. 判断与循环

判断与循环是许多编程语言的基本命令。Python 的判断语句格式如下。

```
if 条件1:
    语句1
elif 条件2:
    语句2
else:
    语句3
```

需要特别指出的是，Python 一般不使用花括号（{}），也没有 end 语句，可使用缩进对齐作为语句的层级标记。同一层级的缩进量要一一对应，否则会报错。一个错误的缩进示例如代码 2-3 所示。

代码 2-3　错误的缩进示例

```
if a == 0:
   print('a为0')  # 缩进2个空格
else:
    print('a不为0')  # 缩进3个空格
```

不管是哪种语言，使用正确的缩进都是一个良好的编程习惯。

Python 的循环有 for 循环和 while 循环，如代码 2-4 所示。

代码 2-4　for 循环和 while 循环

```
# for循环
i = 0
for j in range(51):  # 该循环过程是求1+2+3+…+50
```

```
        i = i + j
print(i)

# while 循环
i = 0
j = 0
while j < 51:  # 该循环过程也是求 1+2+3+…+50
    i = i + j
    j = j + 1
print(i)
```

在代码 2-4 中，for 循环含有 in 和 range 语法。in 是一个非常方便而且非常直观的语法，用于判断一个元素是否在列表或元组中。range 用于生成连续的序列，一般语法格式为 range(a, b, c)，表示生成以 a 为首项、c 为公差且末项不超过 $b-1$ 的等差数列，如代码 2-5 所示。

代码 2-5 使用 range 生成等差数列

```
for i in range(1, 5, 1):
    print(i)
```

使用 range 生成等差数列的输出结果如下。

```
1
2
3
4
```

3. 函数

Python 支持使用 def 自定义函数，如代码 2-6 所示。

代码 2-6 自定义函数

```
def pea(x):
    return x + 1
print(pea(1))  # 输出结果为 2
```

与一般编程语言不同的是，Python 的函数的返回值可以是多种形式。例如，可以返回列表，也可以返回多个值，如代码 2-7 所示。

代码 2-7 返回列表和返回多个值的自定义函数

```
# 返回列表
def peb(x=1, y=1):  # 定义函数，同时定义参数的默认值
    return [x + 3, y + 3]  # 返回值是一个列表
```

```
# 返回多个值
def pec(x, y):
    return x + 1, y + 1  # 双重返回
a, b = pec(1, 2)  # 此时 a = 2, b = 3
```

使用 def 自定义代码 2-7 中类似的 peb、pec 函数，需要使用规范的命名、添加计算内容，以及明确返回值，其过程较复杂。因此，Python 支持使用 lambda 定义"行内函数"，如代码 2-8 所示。

代码 2-8　使用 lambda 定义函数

```
c = lambda x: x + 1  # 定义函数 c(x) = x + 1
d = lambda x, y: x + y + 6  # 定义函数 d(x,y) = x + y + 6
```

2.1.2　掌握数据结构

Python 有 4 个内置的数据结构——列表（List）、元组（Tuple）、字典（Dictionary）和集合（Set），可以统称为容器（Container）。而这 4 个内置的数据结构实际上是一些"东西"组合而成的结构，这些"东西"可以是数字、字符、列表，甚至是几种"东西"的组合。简而言之，容器里的数据结构可以是任意的，且容器内部的元素类型不要求相同。

1. 列表和元组

列表和元组都是序列结构，两者很相似，但又有一些不同的地方。

从外形上看，列表与元组的区别是，列表使用方括号进行标记，如 $m = [0, 2, 4]$；而元组使用圆括号进行标记，如 $n = (6, 8, 10)$。访问列表和元组中的元素的方式都是一样的，如 $m[0] = 0$、$n[2] = 10$ 等。因为容器里的数据结构可以是任意的，所以如下关于列表 p 的定义也是成立的。

```
p = ['efg', [5, 6, 7], 10]
# p 是一个列表，列表的第 1 个元素是字符串 'efg'，第 2 个元素是列表 [5, 6, 7]，第 3 个元素是整型数 10
```

从功能上看，列表与元组的区别是，列表可以被修改，而元组不可以。例如，对于列表 $m = [0, 2, 4]$，使用语句 $m[0] = 1$ 后会将列表 m 修改为 $[1, 2, 4]$；而对于元组 $n = (6, 8, 10)$，使用语句 $n[0] = 1$ 将会报错。要注意的是，如果已经有了一个列表 m，需要将 m 复制为列表 n，那么使用 $n = m$ 是无效的，这时 n 仅仅是 m 的别名（或引用），修改 n 也会修改 m。正确的复制方法应该是 $n = m[:]$。

与列表有关的函数是 list，与元组有关的函数是 tuple，但 list 函数和 tuple 函数的用法和功能几乎一样，都是将某个对象转换为列表或元组。例如，list('cd') 的结果是 ['c','d']，tuple([0,1,2]) 的结果是 (0,1,2)。一些常用的列表或元组相关的函数如表 2-1 所示。

表 2-1　列表或元组相关的函数

函数	功能	函数	功能
cmp(m, n)	比较两个列表或元组的元素	min(m)	返回列表或元组元素的最小值
len(m)	返回列表或元组元素的个数	sum(m)	将列表或元组中的元素求和
max(m)	返回列表或元组元素的最大值	sorted(m)	对列表的元素进行升序排序

此外，列表作为对象，本身自带了很多实用的方法（元组不允许被修改，因此方法很少），如表 2-2 所示。

表 2-2　列表相关的方法

方法	功能
m.append(1)	将 1 添加到列表 m 的末尾
m.count(1)	统计列表 m 中元素 1 出现的次数
m.extend([1, 2])	将列表[1, 2]的内容追加到列表 m 的末尾
m.index(1)	从列表 m 中找出第一个 1 的索引
m.insert(2, 1)	将 1 插入列表 m 中索引为 2 的位置
m.pop(1)	移除列表 m 中索引为 1 的元素

此外，列表还有"列表解析"这一功能。列表解析功能能够简化列表内元素操作的代码。使用 append()方法对列表元素进行操作，如代码 2-9 所示。

代码 2-9　使用 append()方法对列表元素进行操作

```
c = [1, 2, 3]
d = []
for i in c:
    d.append(i + 1)
print(d)  # 输出结果为[2, 3, 4]
```

使用列表解析进行简化，如代码 2-10 所示。

代码 2-10　使用列表解析进行简化

```
c = [1, 2, 3]
d = [i + 1 for i in c]
print(d)  # 输出结果也为[2, 3, 4]
```

2. 字典

特别地，Python 引入了字典这一概念。在 Python 中，字典实际上是一个映射。简而言之，字典也相当于一个列表，然而其索引不再是以 0 开头的数字，而是自己定义的键（Key）。

创建一个字典的基本方法如下。

```
a = {'January': 1, 'February': 2}
```

其中，"January""February"就是字典的键，在整个字典中必须是唯一的，而"1""2"就是键对应的值。访问字典中的键的方法也很直观，如代码 2-11 所示。

代码 2-11　访问字典中的键

```
a['January']  # 该值为1
a['February']  # 该值为2
```

还有其他一些比较方便的方法可以创建一个字典，如通过 dict 或 dict.fromkeys 创建，如代码 2-12 所示。

代码 2-12　通过 dict 或 dict.fromkeys 创建

```
dict([['January', 1], ['February', 2]])  # 相当于{'January':1, 'February':2}
dict.fromkeys(['January', 'February'], 1)  # 相当于{'January':1, 'February':1}
```

字典的函数和方法很多与列表是一样的，因此在这里就不赘述。

3. 集合

Python 内置了集合这一数据结构，其与数学上的集合概念基本上是一致的。集合的元素是不重复的，而且是无序的。集合不支持索引。一般通过花括号或 set 函数创建集合，如代码 2-13 所示。

代码 2-13　创建集合

```
k = {1, 1, 2, 3, 3}  # 注意，1和3会自动去重，得到{1, 2, 3}
k = set([1, 1, 2, 3, 3])  # 同样地，将列表转换为集合，得到{1, 2, 3}
```

由于集合的特殊性（特别是无序性），所以集合有一些特别的运算，如代码 2-14 所示。

代码 2-14　集合运算

```
a = f | g  #求 f 和 g 的并集
b = f & g  # 求 f 和 g 的交集
c = f - g  # 求差集（元素在 f 中，但不在 g 中）
d = f ^ g  # 求对称差集（元素在 f 或 g 中，但不会同时出现在二者中）
```

2.1.3　函数式编程

函数式编程（Functional Programming），又称泛函编程，是一种编程范式。函数式编程可将计算机运算视为数学上的函数计算，并且避免使用程序状态以及易变对象。

在 Python 中，函数式编程主要由 lambda、map、reduce、filter 这几个函数构成，其中 lambda 在代码 2-8 中已经介绍。

假设有一个列表 a=[5,6,7]，需要为列表 a 中的每个元素都加 3，并生成一个新列表。使用列表解析操作列表元素如代码 2-15 所示。

代码 2-15　使用列表解析操作列表元素

```
a = [5, 6, 7]
b = [i + 3 for i in a]
print(b)  # 输出结果为[8, 9, 10]
```

而使用 map 函数操作列表元素，如代码 2-16 所示。

代码 2-16　使用 map 函数操作列表元素

```
a = [5, 6, 7]
b = map(lambda x: x + 3, a)
b = list(b)
print(b)  # 输出结果也为[8, 9, 10]
```

在代码 2-16 中，首先定义一个函数，然后用 map 函数将命令逐一应用到列表 a 中的每个元素，最后返回一个新列表。map 函数也接受多参数的设置，例如，map(lambda x, y: x * y, a, b)表示将 a、b 两个列表的元素对应相乘，将结果返回新列表。

虽然列表解析的代码比较简短，但是本质上还是 for 循环。在 Python 中，for 循环的效率并不高，而 map 函数实现了相同的功能，并且效率更高。

reduce 函数与 map 函数不同的是，map 函数用于逐一遍历，而 reduce 函数用于递归计算。在 Python 3 中，reduce 函数已经被移出全局命名空间，被置于 fuctools 库中，使用时需要通过 from fuctools import reduce 导入 reduce 函数。使用 reduce 函数可以计算 $n!$，如代码 2-17 所示。

代码 2-17　使用 reduce 函数计算 $n!$

```
from fuctools import reduce  # 导入reduce函数
reduce(lambda x, y: x * y, range(1, n + 1))
```

在代码 2-17 中，range(1, n + 1)相当于给出了一个列表，其中的元素表示 $1 \sim n$ 这 n 个整数。lambda x, y: x * y 构造了一个二元函数，用于返回两个参数的乘积。reduce 函数首先将列表的头两个元素（即 n、$n+1$）作为函数的参数进行运算，得到 $n \times (n+1)$；然后将 $n \times (n+1)$ 与 $n+2$ 作为函数的参数进行运算，得到 $n \times (n+1) \times (n+2)$；然后将 $n \times (n+1) \times (n+2)$ 与 $n+3$ 作为函数的参数进行运算……依次类推，直到列表结束，返回最终结果。若使用循环语句计算，则需要写成代码 2-18 所示的形式。

代码 2-18　使用循环语句计算 $n!$

```
a = 1
for i in range(1, n + 1):
    a = a * i
```

filter 函数的功能类似于过滤器，可用于筛选出列表中符合条件的元素，如代码 2-19 所示。

代码 2-19　使用 filter 函数筛选列表元素

```
a = filter(lambda x: x > 2 and x < 6, range(10))
a = list(a)
print(a)  # 输出结果为[3, 4, 5]
```

使用 filter 函数首先需要一个返回值为 bool 型的函数，如代码 2-19 中的 lambda x: x > 2 and x < 6 定义了一个函数，用于判断 x 是否大于 2 且小于 6，然后将这个函数作用到 range(10) 的每个元素中，若为 True，则取出该元素，最后将满足条件的所有元素组成一个列表返回。

也可以使用列表解析筛选列表元素，如代码 2-20 所示。

代码 2-20　使用列表解析筛选列表元素

```
a = [i for i in range(10) if i > 2 and i < 6]
print(a)  # 输出结果也为[3, 4, 5]
```

可见使用列表解析并不比 filter 函数复杂。但是要注意，使用 map 函数、reduce 函数或 filter 函数，最终目的是兼顾简洁和效率，因为 map 函数、reduce 函数或 filter 函数的循环速度比 Python 内置的 for 或 while 循环要快得多。

2.1.4　导入与添加库

在 Python 的默认环境中，并不会将所有的功能加载进来，因此需要手动加载更多的库（或模块、包等），甚至需要额外安装第三方的扩展库，以丰富 Python 的功能，达到所需的目的。

1.　导入库

Python 本身内置了很多强大的库，如数学相关的 math 库，提供了更加丰富、复杂的数学运算，如代码 2-21 所示。

代码 2-21　使用 math 库进行数学运算

```
import math
math.sin(2)  # 计算正弦
math.exp(2)  # 计算指数
math.pi  # 内置的圆周率常数
```

导入库时，还可以自定义库名，如代码 2-22 所示。

代码 2-22　自定义库名

```
import math as m
m.sin(2)  # 计算正弦
```

此外，如果不需要导入库中的所有函数，那么可以特别指定需要导入的函数的名称，如代码 2-23 所示。

代码 2-23　通过名称导入指定函数

```
from math import exp as e  # 只导入math库中的exp函数，并起别名为e
e(2)  # 计算指数
math.sin(2)  # 此时math.sin(2)会出错，因为其没被导入
```

直接导入库中的所有函数，如代码 2-24 所示。

代码 2-24   直接导入库中的所有函数

```
# 直接导入 math 库中的所有函数。若大量地这样引入第三方库，则可能会引起命名冲突
from math import *
exp(2)
sin(2)
```

读者可以通过 help('modules')命令获得已经安装的所有模块名。

2. 添加第三方库

虽然 Python 自带了很多库，但是不一定可以满足所有的需求。就数据分析和数据挖掘而言，还需要添加一些第三方库来拓展 Python 的功能。

安装第三方库有多种方法，如表 2-3 所示。

表 2-3   常见的安装第三方库的方法

方法	特点
下载源代码自行安装	安装灵活，但需要自行解决上级依赖问题
用 pip 命令安装	比较方便，可自动解决上级依赖问题
用 easy_install 命令安装	比较方便，可自动解决上级依赖问题，比 pip 命令稍弱
下载编译好的文件包	一般只有 Windows 系统才提供现成的可执行文件包
系统自带的安装方式	Linux 或 macOS 系统的软件管理器自带了某些库的安装方式

2.2   了解 Python 数据分析常用的扩展库

Python 本身的数据分析功能不强，需要安装一些第三方扩展库来增强它的功能。本书用到的库有 NumPy、SciPy、pandas、scikit-learn、Matplotlib 等，下面将对这些库的安装和使用进行简单的介绍。如果读者安装的是 Anaconda 发行版，那么它已经自带了上述扩展库。

本章主要对这些库进行简单的介绍，在后面的章节中，会通过各种案例对这些库的使用进行更加深入的说明。本书的介绍是有所侧重的，读者可以到官网阅读更加详细的使用教程。值得一提的是，本书所介绍的扩展库，在其官网上的帮助文档中都有相当详细的介绍。

用 Python 进行科学计算是很丰富的学问，本书只是用到了与数据分析相关的部分功能，所涉及的一些扩展库如表 2-4 所示。

表 2-4   Python 数据分析相关扩展库

扩展库	简介	版本号
NumPy	提供数组支持，以及相应的高效的处理函数	1.18.5
SciPy	提供矩阵支持，以及矩阵相关的数值计算模块	1.5.0

续表

扩展库	简介	版本号
pandas	强大、灵活的数据分析和探索工具	1.0.5
scikit-learn	支持回归、分类、聚类等算法的强大的机器学习库	0.24.1
Matplotlib	强大的数据可视化工具、绘图库	3.2.2

此外，限于篇幅，本章仅介绍本书的案例中会用到的一些库，还有一些其他的很实用的库并没有介绍，如涉及图片处理可以用 Pillow（旧版为 PIL，目前已经被 Pillow 代替）、涉及视频处理可以用 OpenCV、高精度运算可以用 gmpy2 等。而对于这些库，建议读者在遇到相应的问题时，自行到网上搜索相关资料进行学习。相信经过本书的学习后，读者解决 Python 相关问题的能力一定会大大提高。

2.2.1　NumPy

NumPy 的前身 Numeric 最早是由吉姆·弗贾宁（Jim Hugunin）与其他协作者共同开发的。2005 年，特拉维斯·奥利芬特（Travis Oliphant）在 Numeric 中结合了另一个同性质的程序库 Numarray 的特色，并加入了其他扩展而开发了 NumPy。

NumPy 是用 Python 进行科学计算的基础软件包，同时还是一个 Python 库，提供多维数组对象和各种派生对象（如掩码数组和矩阵），以及用于数组快速操作的各种 API（Application Program Interface，应用程序接口），包括数学、逻辑、形状操作、排序、选择、输入输出、离散傅里叶变换、基本线性代数、基本统计运算和随机模拟等，因而能够快速地处理数据量大且烦琐的数据运算。

值得强调的是，NumPy 库的内置函数处理数据的速度是 C 语言级别的，因此在编写程序的时候，应当尽量使用其内置的函数，避免效率瓶颈的现象（尤其是涉及循环的问题）。

在 Windows 中，NumPy 库的安装与普通的第三方库安装一样，可以通过 pip 命令安装，命令如下。

```
pip install numpy
```

也可以自行下载源代码，然后使用如下命令安装。

```
python setup.py install
```

在 Linux 中上述方法也是可行的。此外，很多 Linux 发行版的软件源中都有 Python 常见的库，因此还可以通过 Linux 自带的软件管理器安装，如在 Ubuntu 中可以用如下命令安装。

```
sudo apt-get install python-numpy
```

安装完成后，可以使用 NumPy 库对数据进行操作，如代码 2-25 所示。

代码 2-25　使用 NumPy 库操作数组

```
# -*- coding: utf-8 -*
import numpy as np  # 一般以 np 作为 NumPy 库的别名
a = np.array([2, 0, 1, 5])  # 创建数组
```

```
print(a)  # 输出数组
print(a[:3])  # 引用前 3 个数字（切片）
print(a.min())  # 输出 a 的最小值
a.sort()  # 将 a 的元素从小到大排序，此操作直接修改 a，因此这时候 a 为[0, 1, 2, 5]
b = np.array([[1, 2, 3], [4, 5, 6]])  # 创建二维数组
print(b*b)  # 输出数组的平方阵，即[[1, 4, 9], [16, 25, 36]]
```

2.2.2 SciPy

SciPy 是数学、科学和工程的开源软件。SciPy 库依赖于 NumPy，可提供方便、快捷的 n 维数组操作。且 SciPy 库是用 NumPy 数组构建的，提供了许多用户友好和高效的数值例程，如用于数值积分和优化的例程。SciPy 可以运行在许多流行的操作系统上，安装便捷且免费。同时，SciPy 易于使用，且功能强大到足以被一些世界领先的科学家和工程师所依赖。

SciPy 库包含最优化、线性代数、积分、插值、拟合、特殊函数、快速傅里叶变换（Fast Fourier Transform，FFT）、信号处理、图像处理、常微分方程求解和其他在科学与工程领域中常用的计算等功能。显然，这些功能都是数据挖掘与建模必备的。

由于 SciPy 库依赖于 NumPy 库，所以在安装 SciPy 库之前需要先安装好 NumPy 库。安装 SciPy 的方法与安装 NumPy 的方法大同小异，需要提及的是，在 Ubuntu 中也可以用如下命令安装 SciPy。

```
sudo apt-get install python-scipy
```

安装好 SciPy 后，使用 SciPy 求解非线性方程组和数值积分，如代码 2-26 所示。

代码 2-26　使用 SciPy 求解非线性方程组和数值积分

```
# -*- coding: utf-8 -*
# 求解非线性方程组
from scipy.optimize import fsolve  # 导入求解非线性方程组的函数
def f(x):  # 定义要求解的非线性方程组
    x1 = x[0]
    x2 = x[1]
    return [2*x1 - x2**2 - 1, x1**2 - x2 -2]


result = fsolve(f, [1, 1])  # 输入初值[1, 1]并求解
print(result)  # 输出结果为 array([ 1.91963957, 1.68501606])


# 求解数值积分
from scipy import integrate  # 导入积分函数
def g(x):  # 定义被积函数
```

```
    return (1-x**2)**0.5

pi_2, err = integrate.quad(g, -1, 1)  # 积分结果和误差
print(pi_2 * 2)  # 由微积分知识可知, 积分结果为圆周率 pi 的一半
```

2.2.3　pandas

　　pandas 的名称源自面板数据（Panel Data）和 Python 数据分析（Data Analysis），最初是被作为金融数据分析工具而开发出来的，由 AQR Capital Management（一个资本管理公司）于 2008 年 4 月开发，并于 2009 年年底开源。

　　pandas 是 Python 的核心数据分析支持库，提供了快速、灵活、明确的数据结构，旨在简单、直观地处理关系型、标记型数据。且 pandas 与其他第三方科学计算支持库也能够完美地集成。pandas 还包含高级的数据结构和精巧的工具，使得在 Python 中处理数据非常快速和简单。

　　pandas 的功能非常强大，支持高性能的矩阵运算；支持数据挖掘和数据分析，同时也支持数据清洗功能；支持类似 SQL（Structure Query Language，结构查询语言）的数据增、删、查、改，并且带有丰富的数据处理函数；支持时间序列分析功能；支持灵活处理缺失数据等。

　　pandas 的安装相对来说比较容易，在安装好 NumPy 之后，即可直接安装 pandas，通过 pip install pandas 命令或下载源代码后通过 python setup.py install 命令安装均可。由于默认的 pandas 无法直接读写 Excel 文件，所以需要安装 xlrd（读）和 xlwt（写）库，其安装命令如下。

```
pip install xlrd  # 为 Python 添加读取 Excel 文件的功能
pip install xlwt  # 为 Python 添加写入 Excel 文件的功能
```

　　pandas 中常用的数据结构为 Series（一维数据）与 DataFrame（二维数据），Series 顾名思义就是序列，类似一维数组；DataFrame 则相当于一张二维的表格，类似二维数组，它的每一列都是一个 Series。为了定位 Series 中的元素，pandas 提供了 Index 这一对象，每个 Series 都会带一个对应的 Index，用来标记不同的元素，Index 的内容不一定是数字，也可以是字母、中文等，它类似于 SQL 中的主键。

　　DataFrame 相当于多个带有同样 Index 的 Series 的组合（本质是 Series 的容器），每个 Series 都带有唯一的表头，用来标识不同的 Series。pandas 中常用操作示例如代码 2-27 所示。

代码 2-27　pandas 中常用操作示例

```
# -*- coding: utf-8 -*-
import numpy as np
import pandas as pd  # 通常用 pd 作为 pandas 的别名
```

```
s = pd.Series([1,2,3], index=['a', 'b', 'c'])  # 创建一个序列 s
d = pd.DataFrame([[1, 2, 3], [4, 5, 6]], columns = ['a', 'b', 'c'])  # 创建一
个表格
d2 = pd.DataFrame(s)  # 也可以用已有的序列来创建表格

d.head()  # 预览前 5 行数据
d.describe()  # 数据基本统计量

# 读取文件，注意文件的存储路径不能带有中文，否则读取可能出错
pd.read_excel('data.xls')  # 读取 Excel 文件，创建 DataFrame
pd.read_csv('data.csv', encoding = 'utf-8')  # 读取文本格式的数据，一般用 encoding
指定编码方式
```

2.2.4　Matplotlib

　　无论是数据挖掘还是数学建模，都免不了数据可视化的问题。Matplotlib 是约翰·亨特（John Hunter）在 2008 年左右的博士后研究中发明出来的，最初只是为了可视化癫痫病人的一些健康指标，慢慢地，Matplotlib 变成了 Python 中广泛使用的可视化库。

　　Matplotlib 还是 Python 中著名的绘图库，主要用于二维绘图，也可以用于简单的三维绘图。Matplotlib 还提供了一整套与 MATLAB 相似但更为丰富的命令，可以让用户非常快捷地使用 Python 可视化数据，而且能够输出达到出版质量的多种图像格式，十分适合交互式地进行制图，同时也可方便地作为绘图控件，嵌入 GUI（Graphical User Interface，图形用户界面）应用程序或 CGI（Common Gateway Interface，公共网关接口）、Flask、Django 中。

　　Matplotlib 不仅支持交互式绘图，还支持非交互式绘图，可绘制曲线（折线）图、条形图、柱状图、饼图等，且绘制的图形可进行配置；支持 Linux、Windows、Mac OS X 与 Solaris 的跨平台绘图。由于 Matplotlib 的绘图函数基本上与 MATLAB 的绘图函数的作用差不多，所以迁移学习的成本比较低。Matplotlib 支持 LaTeX 的公式插入。

　　Matplotlib 库的安装并没有什么特别之处，可以通过 pip install matplotlib 命令安装或自行下载源代码安装。在 Ubuntu 中也可以用如下命令安装。

```
sudo apt-get install python-matplotlib
```

　　注意，Matplotlib 的上级依赖库相对较多，手动安装的时候需要逐一安装好这些依赖库。下面给出一个简单的 Matplotlib 作图示例，如代码 2-28 所示，它基本包含 Matplotlib 作图的关键要素。Matplotlib 的作图效果如图 2-1 所示。

代码 2-28　Matplotlib 作图示例

```
# -*- coding: utf-8 -*-
import numpy as np
```

```
import matplotlib.pyplot as plt  # 导入 Matplotlib 库

x = np.linspace(0, 10, 1000)  # 作图的自变量 x
y = np.sin(x) + 1  # 因变量 y
z = np.cos(x**2) + 1  # 因变量 z

plt.figure(figsize = (8, 4))  # 设置图像大小
plt.plot(x, y, label = '$\sin x+1$', color = 'red', linewidth = 2)  # 作图, 设
置标签、线条颜色、线条大小
plt.plot(x, z, 'b--', label = '$\cos x^2+1$')  # 作图，设置标签、线条类型
plt.xlabel('Time(s) ')  # x 轴名称
plt.ylabel('Volt')  # y 轴名称
plt.title('A Simple Example')  # 标题
plt.ylim(0, 2.2)  # 显示的 y 轴范围
plt.legend()  # 显示图例
plt.show()  # 显示作图效果
```

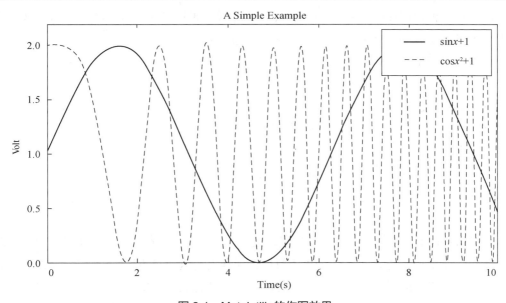

图 2-1　Matplotlib 的作图效果

如果发现中文标签无法正常显示（这是因为 Matplotlib 库的默认字体是英文字体），
解决办法是在作图之前手动指定默认字体为中文字体，如黑体（SimHei）。

```
plt.rcParams['font.sans-serif'] = ['SimHei']  # 用来正常显示中文标签
```

其次，保存作图图像时，负号有可能显示不正常，可以通过以下代码解决。

```
plt.rcParams['axes.unicode_minus'] = False  # 解决负号可能显示不正常的问题
```

Python 数据分析基础与案例实战

2.2.5 scikit-learn

scikit-learn（简称 sklearn）最早是由数据科学家戴维·库尔纳波（David Cournapeau）在 2007 年发起的，其需要 NumPy 和 SciPy 等库的支持。经研发后，scikit-learn 已经成为一个开源的机器学习库。

scikit-learn 是 Python 中强大的机器学习库，提供了完善的机器学习工具箱，包括数据预处理、分类、回归、聚类、预测、模型分析等，同时还是一种简单、高效的数据挖掘和数据分析工具，且可在各种环境中重复使用。scikit-learn 的内部还实现了各种各样成熟的算法，容易安装和使用，样例也十分丰富。由于 scikit-learn 依赖于 NumPy、SciPy 和 Matplotlib，因此，只需要提前安装好这几个库，就可以正常安装与使用 scikit-learn。

下面使用 scikit-learn 创建一个机器学习模型，如代码 2-29 所示。

代码 2-29　使用 scikit-learn 创建一个机器学习模型

```
# -*- coding: utf-8 -*-
from sklearn.linear_model import LinearRegression  # 导入线性回归模型
model = LinearRegression()  # 建立线性回归模型
print(model)
```

若使用 scikit-learn 创建机器学习模型，则需注意如下几点。

（1）所有模型都提供了接口 model.fit()（对于监督模型来说是 model.fit(X, y)，对于非监督模型来说是 model.fit(X)），该接口用于训练模型。

（2）监督模型提供如下接口。

① model.predict(X_new)：预测新样本。

② model.predict_proba(X_new)：预测概率，仅对某些模型（比如逻辑回归模型）有用。

③ model.score()：得分越高，模型效果越好。

（3）非监督模型提供如下接口。

① model.transform()：从数据中学到新的"基空间"。

② model.fit_transform()：从数据中学到新的"基"并将这个数据按照这组"基"进行转换。

scikit-learn 本身提供了一些实例数据，比较常见的有鸢尾花（Iris）数据集、手写数字数据集等。其中鸢尾花数据集有 150 条数据，样本观测值为花的长度和宽度、花瓣的长度和宽度，以及它们的亚属：山鸢尾（Iris Setosa）、变色鸢尾（Iris Versicolor）和维吉尼亚鸢尾（Iris Virginica）。导入 Iris 数据集并使用该数据集训练 SVM 模型，如代码 2-30 所示。

代码 2-30　导入 Iris 数据集并使用该数据集训练 SVM 模型

```
# -*- coding: utf-8 -*-
from sklearn import datasets  # 导入数据集

iris = datasets.load_iris()  # 加载数据集
print(iris.data.shape)  # 查看数据集大小
```

```
from sklearn import svm  # 导入 SVM 模型


clf = svm.LinearSVC()  # 建立线性 SVM 分类器
clf.fit(iris.data, iris.target)  # 用数据集训练模型
clf.predict([[5.0, 3.6, 1.3, 0.25]])  # 训练好模型之后，输入新的数据进行预测
clf.coef_  # 查看训练好的模型的参数
```

小结

本章主要介绍了 Python 数据分析的基本命令，包括基本运算、判断与循环、函数；Python 数据分析的数据结构，包括列表、元组、字典、集合以及函数式编程；同时介绍了函数式编程以及如何导入与添加第三方库。此外，还介绍了 Python 数据分析的常用库，如 NumPy、SciPy、pandas、Matplotlib 和 scikit-learn 等。

课后习题

1. 选择题

（1）在 Python 中，正确的赋值语句为（　　　）。

　　A. x + y = 2　　　B. x = y = 1　　　C. 2y == x　　　　　D. 1 = y

（2）关于基本运算 4 ** 4 的含义理解正确的是（　　　）。

　　A. 4×4　　　　　B. 4+4+4+4　　　C. 4×4×4×4　　　D. 4×3×2×1

（3）下列可以将 1 添加到列表 m 的末尾的语句是（　　　）。

　　A. m.append(1)　　　　　　　　B. m.count(1)

　　C. m.index(1)　　　　　　　　 D. m.pop(1)

（4）下列不是 Python 数据分析库的是（　　　）。

　　A. NumPy　　　B. SciPy　　　　C. SPSS　　　　　D. Matplotlib

（5）list(range(1, 10, 2))的输出结果是（　　　）。

　　A. [1, 3, 5, 7, 9]　B. (1, 3, 5, 7, 9)　C. [1, 10, 1, 10]　D. (1, 10, 1, 10)

2. 操作题

（1）用 for 循环生成乘法表。

（2）自定义一个阶乘函数，并求 20 的阶乘。

第 3 章 数据获取

巧妇难为无米之炊。只有拥有坚实的物质基础，才有可能全面建成社会主义现代化强国。如果没有数据，那么在进行数据分析时将寸步难行。不同来源、不同类型的数据可能会导致分析结果千差万别，此时数据的采集就显得至关重要。本章着重介绍常见的数据来源，交通信息的分类、特点和相关采集技术，常见的数据类型以及数据的读取方式。

学习目标

（1）了解常见的数据来源。
（2）了解交通信息的采集。
（3）了解常见的数据类型。
（4）掌握数据的读取方式。

3.1　了解常见的数据来源

数据可以从业务系统、网络爬虫、公共数据集等多种数据来源中获取。根据数据的获取方式数据来源可大致分为直接来源和间接来源两种。

1. 直接来源

直接来源是指数据来源于本人或本公司的直接记录、调查或实验，直接来源中的数据又称为第一手数据。常见的直接来源数据为公司业务系统数据库，该数据库中的数据通常由公司的日常运营以及活动产生。另一种常见的直接来源为问卷调查，主要采用将结构式的调查问卷与抽查法相结合的形式。问卷调查越来越多地被用于定量研究，并成为社会科学研究的主要方式之一。

2. 间接来源

间接来源是指数据来源于他人的调查或实验，间接来源中的数据又称为第二手数据。由于个人和商业公司的力量有限，因此一些宏观数据需要由专门的大型调查公司或政府部门来提供，这些数据的来源渠道也比较多，如报纸、书籍、统计年鉴、相关网站及专业调查公司等。如果调查的领域专业性较强，那么需要查阅相关的专业性网站提供的数据，或使用搜索引擎的高级搜索功能完成。

3.2　了解交通信息的采集

对于智能交通系统（Intelligent Transportation System，ITS）而言，静态、动态基础交通信息是其主要组成部分。而不同的交通信息采集技术可以采集到不同类型的交通信息。为加深对交通信息的了解，以下将简要介绍交通信息的分类与特点以及常见的交通信息采集技术。

3.2.1　交通信息的分类与特点

智能交通系统所需要的信息是多方面、多层次的，其中一些信息并不能直接获得，需要通过对一些基础交通信息进行处理才能得到，如对路网交通状态的估计和对交通事件的估计等，这些交通信息就需要通过对交通流数据、车辆速度、道路参数等数据进行综合处理之后才能得到。而这些状态估计信息是否能够得到、是否能够满足实际应用的要求，在很大程度上取决于那些实时采集的基础交通信息是否及时、可靠、准确。"基础"一般意义上讲是建筑物的根基，也可以理解是一个系统的最根本的部分，是系统中其他部分的支撑。基础是否坚固决定着一个系统是否稳定和可靠。基础交通信息是智能交通系统里最基本、最直接的数据，基础交通信息的来源、质量和内容等在很大程度上决定了交通信息处理系统的效率和效果。基础交通信息是交通管理者和交通参与者为了更好地管理交通、更好地利用交通资源而采集的交通信息，它是智能交通系统的基本数据来源，反映了智能交通系统的基本属性。确切地说，基础交通信息是通过各种渠道采集到的未经过加工的交通参数、路网参数等数据。智能交通系统可以根据不同用户的不同要求对基础交通信息进行加工处理，生成对用户有决策价值的交通信息。

基础交通信息按照其变化的频率不同可以大致分成静态基础交通信息和动态基础交通信息两大类。

静态基础交通信息主要包括以下几种。

（1）城市基础地理信息，如路网分布、功能小区的划分、交叉口的布局、停车场分布、交通枢纽的布局、城市基础交通设施信息等。

（2）城市道路基础信息，如道路技术等级、长度、宽度、车道数、收费方式、立交连接方式等。

（3）各种车辆保有量信息，包括分区域、分时间、分车种车辆保有量信息等。

（4）交通管理信息，如单向行驶、禁止左转、限制进入（分时间限制进入管制和空间限制进入管制）、道路施工信息等。

动态基础交通信息主要包括以下几种。

（1）交通流状态特征信息，如车流量、速度、密度等。

（2）交通紧急事件信息，如通过各种途径得到的事件信息，包括路面检测器信息、人工报告信息等。

（3）在途车辆及驾驶员的实时信息，如各种车辆的定位信息等。

（4）环境状况信息，如大气状况、污染状况信息，为人们出行提供参考。

（5）交通动态控制管理信息等。

不论是静态基础交通信息还是动态基础交通信息，都是智能交通系统不可缺少的信息来源。动态基础交通信息的采集和处理是智能交通研究的重点，也是信息技术在智能交通系统应用的基础。动态基础交通信息的采集方式、获取手段、采集精度、采集成本等因素，对于实现智能交通系统的各项功能非常重要。目前，国内外正在研究的先进的交通信号控制系统、车路协同系统、无人驾驶系统等，都需利用交通信息。

按照信息论的观点，信息的价值主要在于它的决策价值，也就是说，信息对于人们做决策是有意义的，尤其是对管理者做出正确的决策是有价值的。如果信息不能对决策者的决策产生任何影响，那么它就不能被叫作信息。交通信息也是如此，它对各方面、各层次的交通管理决策都应该是有价值的。从这个角度来说，交通信息应该具备表 3-1 所示的基本特征。

表 3-1　交通信息的基本特征

基本特征	概述
准确性	对于交通信息而言，准确性是尤其重要的。准确的交通信息对正确的决策有正面的影响，更有价值；而不准确的交通信息不但对决策没有价值，还会对决策产生负面的影响
及时性	及时的交通信息对做出正确的决策是有用的，而过时的交通信息对决策是无用的。比如，自适应式交通信号控制周期的变化需要根据实时的交通流量等数据来进行计算
共享性	交通信息是智能交通系统中各子系统所需要的共同信息，因此，交通信息应该可以为各子系统所利用，这就要求交通信息具有统一的数据标准，统一的采集格式和提供方式
实时性和动态性	必须实时地、动态地采集交通信息，只有这样的信息才是有用的信息，才能满足交通管理与控制、车辆诱导、交通安全、交通监控等功能的需要
海量性	由于智能交通系统是一个复杂、庞大的系统，路网复杂，再加上实时、动态地采集、处理、传输、发布信息的要求，所以数据的采集量、处理量、传输量、发布量都非常庞大

3.2.2　常见的交通信息采集技术

交通信息是交通数据分析的重要前提。不同的信息采集方式得到的数据也大相径庭。常见的交通信息采集技术有地感线圈传感器、图像传感器、微波雷达传感器、地磁传感器等。

1．地感线圈传感器

地感线圈传感器是一种基于电磁感应原理的交通信息采集技术，可以采集交通流量、占有率、速度等交通数据。在路面挖出圆形或矩形的沟槽并埋入导线即可构成环形地感线圈，然后通以一定的工作电流形成一个电磁场，车辆具有铁磁性质，通过或停留在线圈上时会切割磁通线，线圈的电感量会发生改变，使得振荡电路中的振荡频率和相位也发生相应大小的改变。通过变化量可以感知车辆的通过，通过信号产生和结束的时间间隔来测量汽车的速度。

2．图像传感器

图像传感器普遍安装于车辆速度较慢的进出路口，利用视频、计算机和通信等技术手段，可实现对指定地点的交通流量、车辆速度、占有率、车辆是否违章等交通信息的采集。视频检测系统是由摄像机、图像处理器以及可以将采集到的图像信息转化为交通信息的软件构成的系统，通常架设在线杆或桥梁上，对连续视频图像进行分析处理。一台摄像机可观测多车道，一个视频检测系统可同时处理多台摄像机传输的数据。

3．微波雷达传感器

微波雷达检测技术基于多普勒效应，微波雷达传感器发出的微波在碰到障碍物反射回来时，由于物体的运动状态不同而接收到不同频率的反射波，通过频率的变化量可以计算出车辆的信息。微波雷达传感器配合高速摄像机，一般安装于车辆速度较快且方向单一的高速路上，也可以安装在卡口处、桥梁上、隧道中和红绿灯控制系统上，对移动的车辆进行抓拍，采集车流量、车速、车型、占有率等信息。

4．地磁传感器

在一定区域内，地球的磁场强度基本是恒定的。当有车辆进入后，由于汽车是具备导磁能力的铁磁性物体，所以该区域的磁场强度会发生变化，这就是地磁传感器的基本工作原理。不论汽车的运动状态如何，汽车具有的铁磁性物质必定会影响地磁场，经过信号分析，即可得到想要获得的检测目标的相关信息。利用地磁传感器可以进行行驶方向、行驶速度、车辆型号、车流量等数据的采集。

3.3　了解常见的数据类型

数据的类型多种多样，按照数据的结构可将数据分为结构化数据、半结构化数据和非结构化数据。

1．结构化数据

结构化数据的表现形式为二维的列表结构，严格地遵循数据格式与长度规范，主要通过关系数据库进行存储和管理。结构化数据由行和列构成，通常每一行对应一条记录，每一列对应一个属性。同一个表中的数据具有相同的属性集，即同一个表中所有记录的列的个数是一致的。结构化数据的示例如表 3-2 所示。

表 3-2　结构化数据示例

ID	Sex	bodyType	creatDate
1	男	0	20160309

表 3-2 中展示了一条结构化的汽车交易记录，ID 列表示该交易的编号为 1，通常为数值型或字符型；Sex 列表示该客户的性别为男性，通常为字符型；bodyType 列的 0 表示该车的车型是豪华轿车，通常为数值型；creatDate 列表示该客户的消费时间为 2016 年 3 月 9 日，通常为字符型或时间型。

结构化数据主要应用于各类业务系统的关系数据库中，其存储需求包括高速存储应用需求、数据备份需求、数据共享需求以及数据容灾需求等。

2．半结构化数据

半结构化数据是结构化数据的一种特殊形式，是以树或图的数据结构存储的数据，其结构并不符合关系数据库或其他数据表的形式关联起来的数据模型结构。半结构化数据包含相关标记，用来分隔语义元素以及对记录和字段进行分层，这种结构也被称为自描述的结构。

半结构化数据的数据库是节点的集合，每个节点都是一个叶子节点或一个内部节点。叶子节点与数据相关，数据的类型可以是任意原子类型，如数值和字符串。每个内部节点至少有一条外向的弧。每条弧都有一个标签，该标签指明弧开始处的节点与弧末端的节点之间的关系。名为根的内部节点没有进入的弧，它代表整个数据库。

常见的半结构化数据格式有 XML 和 JSON。一个半结构化数据的示例如代码 3-1 所示。

代码 3-1　半结构化数据示例

```
<person>
    <name>Anna</name>
    <age>23</age>
    <gender>female</gender>
</person>
<person>
    <name>Tom</name>
    <gender>male</gender>
</person>
```

代码 3-1 所示为一个 XML 文件中的记录，可以看到两条记录的属性个数是不一样的，

第一条记录有 name、age 和 gender 这 3 个属性,而第二条记录只有 name 和 gender 这两个属性。半结构化文件记录的属性个数是可以变动的,这点与结构化数据要求数据必须具有相同的属性集不同,这使得半结构化数据具有更好的灵活性。

半结构化数据包括邮件、HTML 文档、报表、资源库等,常见的应用场景有邮件系统、Web 集群、教学资源库和档案系统等。这些应用的存储要求主要有数据存储、数据备份、数据共享以及数据归档等。

3. 非结构化数据

非结构化数据是指数据结构不规则或不完整,没有预定义的数据模型,不方便用数据库二维逻辑表来表现的数据。常见的非结构化数据包括文本、图像、音频、视频等。

非结构化数据的格式非常多样,标准也具有多样性,在技术上非结构化数据比结构化数据更难标准化和理解。其存储、检索、发布以及利用需要更加智能化的信息技术,常见的应用场景有医疗影像系统、教育视频点播、视频监控、地理信息系统、文件服务器(PDM/FTP)、媒体资源管理等。

3.4 掌握数据的读取方式

常见的数据储存媒介有数据库和文件,以下介绍如何读取数据库数据和文件数据。

3.4.1 读取数据库数据

在生产环境中,绝大多数的数据都存储在数据库中。想要读取数据库中的数据就需要先与数据库建立连接。数据库连接是分析工具与数据库之间的通道,只有建立数据库连接后,用户才能对数据库中的数据进行操作。

Python 也需要与数据库建立连接后才能读取数据库中的数据,一个常用的方法是通过 SQLAlchemy 库并配合相应数据库的 Python 连接工具建立连接。不同的数据库需要安装对应的连接工具,如 MySQL 数据库需要安装 mysqlclient 或 PyMySQL 库,Oracle 数据库需要安装 cx_Oracle 库。

SQLAlchemy 库支持与 MySQL、PostgreSQL、Oracle、SQL Server 和 SQLite 等主流数据库建立连接,建立连接时需要提供数据库产品名、连接工具名、用户名、密码、数据库 IP 地址、数据库端口号、数据库名称等,同时还需要注意数据库中使用的数据编码,使用错误的编码会导致乱码问题。使用 SQLAlchemy 连接 MySQL 数据库,如代码 3-2 所示。

代码 3-2 使用 SQLAlchemy 连接 MySQL 数据库

```
from sqlalchemy import create_engine
engine = create_engine('mysql+pymysql://root:1234@127.0.0.1:3306/
testdb?charset=utf-8')
```

```
# 创建一个 MySQL 连接器, 用户名为 root, 密码为 1234, 端口号为 3306
# 地址为 127.0.0.1, 数据库名称为 testdb, 编码类型为 UTF-8

print(engine)
```

连接数据库后, 可以与数据库进行交互, 对数据库中的数据进行操作。常见的操作包括读取、存储、增、删、改、查等。通过 pandas 库对数据库进行读取和存储操作, 如代码 3-3 所示。

代码 3-3　通过 pandas 库对数据库进行读取和存储操作

```
import pandas as pd

# 查看 testdb 中的数据表数目
formlist = pd.read_sql_query('show tables', con=engine)
print('testdb 数据库数据表清单为:', '\n', formlist)

# 读取订单详情表
detail1 = pd.read_sql_table('meal_order_detail1', con=engine)
print('读取的订单详情表的长度为:', len(detail1))

# 在数据库中新建表 test1 进行存储
detail1.to_sql('test1', con=engine, index=False, if_exists='replace')

# 查看存储结果
formlist1 = pd.read_sql_query('show tables', con=engine)
print('新增一个表格后 testdb 数据库数据表清单为:', '\n', formlist1)
```

3.4.2　读取文件数据

另一种常见的数据储存媒介是文本文件。文本文件是一种由若干行字符构成的计算机文件, 它是一种典型的顺序文件。常见的文本文件有 TXT 文件和 CSV 文件, 这两种文件的主要区别是 TXT 文件使用空格分隔, 而 CSV 文件一般使用逗号分隔。因为 CSV 文件的分隔符不一定是逗号, 所以又被称为字符分隔文件, 文件以纯文本形式存储表格数据（数字和文本）。CSV 是一种通用、相对简单的文件格式, 广泛的应用是在程序之间转移表格数据, 而这些程序本身是在不兼容的格式（往往是私有的或无规范的格式）上进行操作的。因为大量程序都支持 CSV 或其变体, 所以它可以作为大多数程序的输入和输出格式。

CSV 文件根据其定义也是一种文本文件, 在数据读取过程中可以使用文本文件的读取函数对 CSV 文件进行读取。使用 read_table 和 read_csv 函数读取 CSV 文件，如代码 3-4 所示。

代码 3-4　使用 read_table 和 read_csv 函数读取 CSV 文件

```
# 使用 read_table 读取 CSV 文件
used_car_data = './data/used_car_data.csv'
order = pd.read_table(used_car_data, sep=' ', encoding='gbk')
print('使用 read_table 读取的二手车售价表的长度为：', len(order))


# 使用 read_csv 读取 CSV 文件
order1 = pd.read_csv(used_car_data, sep=' ', encoding='gbk')
print('使用 read_csv 读取的二手车售价表的长度为：', len(order1))
```

读取文件时需要注意编码问题，常用的编码有 UTF-8、UTF-16、GBK、GB 2312—1980、GB 18030—2005 等。如果编码指定错误，那么数据将无法读取，IPython 解释器会报解析错误。使用不同的参数读取二手车售价表，如代码 3-5 所示。

代码 3-5　使用不同的参数读取二手车售价表

```
# 使用 read_table 读取二手车售价表
order2 = pd.read_table(used_car_data, sep = ' ', encoding='gbk')
print('分隔符为空格时二手车售价表为：\n', order2)


# 使用 read_csv 读取二手车售价表
order3 = pd.read_csv(used_car_data, sep=' ', header=None, encoding='gbk')
print('二手车售价表前 5 行 5 列为：', '\n', order3.iloc[:5,:5])


# 使用 UTF-8 解析二手车售价表
order4 = pd.read_csv(used_car_data, sep=' ', encoding='utf-8')
```

除了 TXT 文件和 CSV 文件外，Excel 文件也是常见的需要读取的数据文件。Excel 可以进行各种数据的处理、统计分析和辅助决策操作，被广泛地应用于管理、统计和金融等领域。其文件格式依照程序版本的不同分为以下两种。

（1）Microsoft Office Excel 2007 之前的版本（不包括 Microsoft Office Excel 2007）默认保存的文件扩展名为.xls。

（2）Microsoft Office Excel 2007 之后的版本默认保存的文件扩展名为.xlsx。

通过 pandas 库读取 XLSX 格式的自行车租赁数据表，如代码 3-6 所示。

代码 3-6　通过 pandas 库读取 XLSX 格式的自行车租赁数据表

```
# 读取 XLSX 格式的自行车租赁数据表
users = '../data/自行车租赁数据.xlsx'
user = pd.read_excel(users)
print('自行车租赁数据表长度为：', len(user))
```

小结

本章首先对常见的数据来源进行了简要的介绍，常见的数据来源主要分为直接来源和间接来源两种；然后介绍了交通信息的采集，包括交通信息的分类、特点以及交通信息的采集技术；接着介绍了常见的数据类型，包括结构化数据、半结构化数据和非结构化数据；最后介绍了数据的读取方式，主要包括读取数据库数据和读取文件数据。

课后习题

1. 选择题

（1）以下为数据间接来源渠道的是（　　　　）。

    A. 问卷调查　　　　　　　　　　B. 统计年鉴

    C. 实验结果　　　　　　　　　　D. 公司业务系统数据库

（2）静态基础交通信息不包括（　　　）。

    A. 城市基础地理信息　　　　　　B. 各种车辆保有量信息

    C. 城市道路基础信息　　　　　　D. 交通紧急事件信息

（3）交通信息不具备的基本特征是（　　　）。

    A. 准确性　　　　B. 延时性　　　　C. 共享性　　　　　D. 海量性

（4）以下关于非结构化数据特点错误的是（　　　）。

    A. 非结构化数据的数据结构不规则或不完整

    B. 非结构化数据有预定义的数据模型

    C. 非结构化数据是不方便用数据库二维逻辑表来表现的数据

    D. 非结构化数据包括文本、图像、音频、视频等

（5）data.csv 为文件名，下列可以正确读取文件数据的语句是（　　　）。

    A. pd.read_csv(data.csv, sep=' ', encoding='gbk')

    B. pd.read_csv('data.csv', sep=' ', encoding='gbk')

    C. pd.read_csv(data.csv, sep='gbk', encoding=' ')

    D. pd.read_csv('data.csv', sep='gbk', encoding=' ')

2. 操作题

改变 read_csv 的 sep、encoding、header 参数对二手车售价表进行读取。

第 ④ 章 数据探索

通过检验数据集的数据质量、绘制图表、计算某些特征量等手段，对样本数据集的结构和规律进行分析，这个过程即数据探索。我国鼓励自由探索，数据探索有助于选择合适的数据预处理和建模方法，甚至可以解决一些通常由数据挖掘解决的问题。本章将从数据质量分析和数据特征分析两个角度对数据进行探索，从而挖掘出所需的数据信息。

学习目标

（1）掌握分析缺失值和异常值的常用方法。
（2）掌握分析数据特征的方法。

4.1 分析数据质量

分析数据质量是数据挖掘中数据准备过程的重要一环，是数据预处理的前提，也是数据挖掘分析结论有效性和准确性的基础。没有可信的数据，构建的模型将是"空中楼阁"。

分析数据质量的主要任务是检查原始数据中是否存在脏数据。脏数据一般是指不符合要求以及不能直接进行相应分析的数据。在数据挖掘工作中，常见的脏数据包括缺失值、异常值、不一致的值、重复数据及含有特殊符号（如#、￥、*）的数据等。

4.1.1 分析缺失值

数据的缺失主要包括记录的缺失和记录中某个字段信息的缺失，两者都会造成分析结果的不准确。以下从缺失值产生的原因及缺失值的影响等方面展开分析。

1. 缺失值产生的原因

（1）有些信息暂时无法获取，或获取信息的代价太大。

（2）有些信息是被遗漏的。可能是因为输入时认为不重要而未填写、忘记填写或对数据理解错误等一些人为因素而遗漏，也可能是因为数据采集设备的故障、存储介质的故障、传输媒体的故障等非人为因素而遗漏。

（3）属性值不存在。在某些情况下，缺失值并不意味着数据有错误。对一些对象来说某些属性值是不存在的，如一个未婚者的配偶姓名、一个儿童的固定收入等。

2．缺失值的影响

（1）数据挖掘建模时可能丢失大量有用的信息。

（2）数据挖掘模型所表现出的不确定性更加显著，模型中蕴含的规律更难把握。

（3）包含缺失值会使建模过程陷入混乱，导致出现不可靠的输出。

3．缺失值的分析与处理

（1）使用简单的统计分析，可以得到含有缺失值的属性的个数，以及每个属性的未缺失数、缺失数与缺失率等。

（2）缺失值的处理，从总体上来说分为删除存在缺失值的记录、对缺失值进行插补和不处理缺失值这 3 种情况，有关缺失值处理的内容将在第 5 章详细介绍。

4.1.2　分析异常值

异常值是指样本中的个别值，其数值明显偏离其余的观测值。异常值也称为离群点，异常值分析也称为离群点分析。

异常值分析是检验数据是否有录入错误以及是否含有不合常理的数据。忽视异常值的存在是十分危险的，不加剔除地将异常值包括进数据的计算分析过程中，会给最终结果带来不良影响。重视异常值，分析其产生的原因，常常成为发现问题进而改进决策的契机。

下面介绍几种常用的分析异常值的方法。

1．简单统计量分析

可以先对变量做描述性统计，进而查看哪些数据是不合理的。常用的统计量是最大值和最小值，用来判断这个变量的取值是否超出了合理的范围。如客户年龄的最大值为 199岁，则该变量的取值存在异常。

2．3σ 原则

如果数据服从正态分布，在 3σ 原则下，异常值被定义为一组测定值中与均值的偏差超过 3 倍标准差的值。在正态分布的假设下，距离均值 3σ 之外的值出现的概率为 $P(|x-\mu|>3\sigma)\leqslant 0.003$，属于极个别的小概率事件。

如果数据不服从正态分布，也可以用远离均值的多少倍标准差来描述。

3．箱线图分析

箱线图提供了检测异常值的一个标准：异常值通常被定义为小于下界（$Q_L-1.5\text{IQR}$）或大于上界（$Q_U+1.5\text{IQR}$）的值。Q_L 称为下四分位数，表示全部观察值中有 1/4 的数据取值比它小；Q_U 称为上四分位数，表示全部观察值中有 1/4 的数据取值比它大；IQR

（Interquartile Range）称为四分位数间距，是上四分位数 Q_{U} 与下四分位数 Q_{L} 之差，其间包含全部观察值的一半。

　　一方面，箱线图依据实际数据绘制，没有对数据做任何限制性要求（如服从某种特定的分布形式），箱线图只是真实、直观地表现数据分布的本来面貌；另一方面，箱线图判断异常值的标准以四分位数和四分位数间距为基础。四分位数具有一定的鲁棒性，多达25%的数据可以变得任意远而不会很大地扰动四分位数，所以异常值不能对这个标准施加影响。由此可见，箱线图检测异常值的结果比较客观，在检测异常值方面有一定的优越性，如图 4-1 所示。

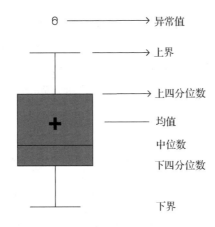

图 4-1　使用箱线图检测异常值

　　下面以分析自行车租赁数据中可能存在的缺失值和异常值为例进行讲解。该数据示例如表 4-1 所示，其中 timestamp 为时间戳，temperature 为气温，单位为摄氏度（℃）。

表 4-1　自行车租赁数据示例

timestamp	2015/1/4 0:00	2015/1/4 1:00	2015/1/4 2:00	2015/1/4 3:00	2015/1/4 4:00
temperature/℃	3	3	2.5	2	

　　分析自行车租赁数据可以发现，其中部分数据是缺失的。但是如果数据记录和属性较多，使用人工分辨的方法就很不切合实际，所以可以编写程序来检测出含有缺失值的记录和属性、缺失值的个数和缺失率等。

　　在 Python 的 pandas 库中，只需要读入数据，然后使用 describe()方法即可查看数据的基本情况，如代码 4-1 所示。

代码 4-1　使用 describe()方法查看数据的基本情况

```
import pandas as pd
catering_sale = '../data/自行车租赁数据.csv'  # 自行车租赁数据
data = pd.read_csv(catering_sale, engine='python')  # 读取数据
print(data['temperature'].describe())
```

代码 4-1 的运行结果如下。

```
        temperature
count   297.000000
mean      8.336700
std       3.105319
min       1.000000
25%       6.500000
50%       9.000000
75%      10.000000
max      15.500000
```

其中 count 是非缺失值数，通过 len(data) 可以知道数据记录为 298 条，因此缺失值数为 1。其他基本参数包括均值（mean）、标准差（std）、最小值（min）、最大值（max）、下四分位数（25%）、中位数（50%）以及上四分位数（75%）。更直观地展示这些数据，并且可以检测异常值的方法是使用箱线图。自行车租赁数据异常值检测，如代码 4-2 所示。

代码 4-2　自行车租赁数据异常值检测

```python
import matplotlib.pyplot as plt  # 导入图像库
plt.rcParams['font.sans-serif'] = ['SimHei']  # 用来正常显示中文标签
plt.rcParams['axes.unicode_minus'] = False  # 用来正常显示负号

plt.figure()  # 建立图像
data = pd.DataFrame(data['temperature'])
p = data.boxplot(return_type='dict')  # 画箱线图，直接使用 DataFrame 的方法
x = p['fliers'][0].get_xdata()  # 'fliers'即异常值的标签
y = p['fliers'][0].get_ydata()
y.sort()  # 从小到大排序，该方法直接改变原对象
'''
用 annotate 添加注释。
其中有些相近的点，注解会出现重叠，难以看清，需要一些技巧来控制。
以下参数都是经过调试的，需要具体问题具体调试
'''
for i in range(len(x)):
    if i<0:
        plt.annotate(y[i], xy = (x[i],y[i]), xytext=(x[i]+0.05 -0.8/
(y[i]-y[i-1]),y[i]))
    else:
```

```
          plt.annotate(y[i], xy = (x[i],y[i]), xytext=(x[i]+0.08,y[i]))
plt.ylabel('气温/℃')
plt.show()  # 展示箱线图
```

运行代码 4-2，可以得到图 4-2 所示的箱线图。

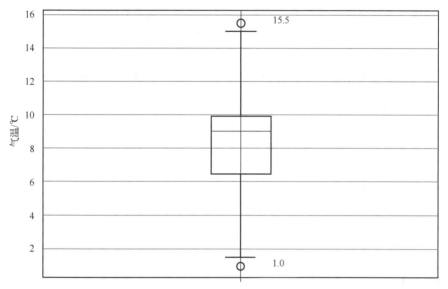

图 4-2　使用箱线图检测异常值

由图 4-2 可知，箱线图中超过上、下界的 2 个气温数据可能为异常值。确定过滤规则（气温在 1℃以下、15℃以上则属于异常值），编写过滤程序，进行后续处理。

4.2　分析数据特征

当对数据进行校验后，可以通过绘制图表、计算某些特征量等手段进行数据的特征分析，从而从数据中挖掘出所需的信息。分析数据特征包括统计量、分布、对比、周期性和相关性分析 5 个方面。

4.2.1　分析数据的统计量

用统计指标对定量数据进行统计描述时，通常从集中趋势和离中趋势两个方面进行分析。

平均水平的指标是对个体集中趋势的度量，使用较广泛的是均值和中位数等；反映变异程度的指标则是对个体离中趋势的度量，使用较广泛的是标准差（方差）、四分位数间距等。

1. 集中趋势度量

集中趋势又称"数据的中心位置""集中量数"等，它是一组数据的代表值。集中趋势的概念类似均值的概念，它表明所研究的对象在一定时间、空间条件下的共同性质和一般水平。

（1）均值

均值是一组数据中所有统计对象的平均值。

如果要求 n 个原始观察数据的均值 M，计算公式如式（4-1）所示。

$$M = \bar{x} = \frac{\sum x_i}{n} \tag{4-1}$$

有时，为了反映在均值中不同成分所占的重要程度，为数据集中的每一个 x_i 赋予 w_i，这就得到式（4-2）所示的加权均值 W 的计算公式。

$$W = \frac{\sum w_i x_i}{\sum w_i} = \frac{w_1 x_1 + w_2 x_2 + \cdots + w_n x_n}{w_1 + w_2 + \cdots + w_n} \tag{4-2}$$

类似地，频率分布表（见表4-4）的均值 $\bar{x}$ 可以使用式（4-3）进行计算。

$$\bar{x} = \sum f_i x_i = f_1 x_1 + f_2 x_2 + \cdots + f_k x_k \tag{4-3}$$

式（4-3）中，$x_1, x_2, \cdots, x_k$ 分别为 k 个组段的组中值，$f_1, f_2, \cdots, f_k$ 分别为 k 个组段的频率。这里的 f_i 起了权重的作用。

作为一个统计量，均值的主要问题是对极端值很敏感。如果数据中存在极端值或数据是偏态分布的，那么均值就不能很好地度量数据的集中趋势。为了消除少数极端值的影响，可以使用截断均值或中位数来度量数据的集中趋势。截断均值是去掉高、低极端值之后的均值。

（2）中位数

中位数是将一组观察值从小到大按顺序排列后位于中间的那个数据，即在全部数据中，小于和大于中位数的数据个数相等。

将某一数据集 $\{x_1, x_2, \cdots, x_n\}$ 从小到大排序，得到 $\{x_{(1)}, x_{(2)}, \cdots, x_{(n)}\}$，当 n 为奇数时，中位数 $Q_{\frac{1}{2}}$ 的计算公式如式（4-4）所示；当 n 为偶数时，中位数 $Q_{\frac{1}{2}}$ 的计算公式如式（4-5）所示。

$$Q_{\frac{1}{2}} = x_{\left(\frac{n+1}{2}\right)} \tag{4-4}$$

$$Q_{\frac{1}{2}} = \frac{1}{2}\left(x_{\left(\frac{n}{2}\right)} + x_{\left(\frac{n+1}{2}\right)}\right) \tag{4-5}$$

（3）众数

众数是指数据集中出现最频繁的数据。众数适用于定性变量，但并不适合用于度量定性变量的中心位置。众数不具有唯一性。

2. 离中趋势度量

离中趋势又称"差异量数""标志变动度"等，是指数列中各个数值之间的差距和离散程度。离中趋势的测定是对统计资料分散状况的测定，即找出各个变量值与集中趋势的偏离程度。

（1）极差

极差即数据最大值与最小值的差。极差对数据集的极端值非常敏感，并且忽略了最大值与最小值之间的数据的分布情况。

（2）标准差

标准差 s 用于度量数据偏离均值的程度，计算公式如式（4-6）所示。

$$s = \sqrt{\frac{\sum(x_i - \overline{x})^2}{n}} \tag{4-6}$$

（3）变异系数

变异系数 CV 用于度量标准差相对于均值的离中趋势，计算公式如式（4-7）所示。

$$CV = \frac{s}{\overline{x}} \times 100\% \tag{4-7}$$

变异系数主要用来比较两个或多个具有不同单位或不同波动幅度的数据集的离中趋势。

（4）四分位数间距

四分位数包括上四分位数和下四分位数。将所有数值由小到大排列并分成四等份，处于第一个分割点位置的数值是下四分位数，处于第二个分割点位置（中间位置）的数值是中位数，处于第三个分割点位置的数值是上四分位数。

四分位数间距是上四分位数 Q_U 与下四分位数 Q_L 之差，其间包含全部观察值的一半。其值越大，说明数据的变异程度越大；其值越小，说明数据的变异程度越小。

4.1.2 小节已经提过，DataFrame 对象的 describe() 方法可以给出一些基本的统计量，并可据此衍生出分析所需的统计量。现在对自行车租赁数据中的气温数据进行统计量分析，如代码 4-3 所示。

代码 4-3　自行车租赁数据统计量分析

```python
# 自行车租赁数据统计量分析
import pandas as pd


catering_sale = '../data/自行车租赁数据.csv'  # 自行车租赁数据
data = pd.read_csv(catering_sale, engine='python')  # 读取数据
data = data[(data[u'temperature'] < 15)&(data[u'temperature'] > 1)]  # 过滤异常数据
data = data['temperature']
statistics = data.describe()  # 保存基本统计量
```

```
statistics.loc['range'] = statistics.loc['max']-statistics.loc['min']  # 极差
statistics.loc['var'] = statistics.loc['std']/statistics.loc['mean']  # 变异系数
statistics.loc['dis'] = statistics.loc['75%']-statistics.loc['25%']  # 四分位
数间距

print(statistics)
```

运行代码 4-3 所得结果如下。

```
       temperature
count   290.000000
mean      8.270690
std       2.950867
min       1.500000
25%       6.500000
50%       9.000000
75%      10.000000
max      14.000000
range    12.500000
var       0.356786
dis       3.500000
```

4.2.2 分析数据的分布情况

分布分析能揭示数据的分布特征和分布类型。对于定量数据，欲了解其分布形式是对称的还是非对称的、发现某些特大或特小的可疑值，可列出频率分布表、绘制频率分布直方图、绘制茎叶图直观地进行分析；对于定性数据，可用饼图和条形图直观地显示其分布情况。

1. 定量数据的分布分析

对于定量数据而言，选择"组距"和"组数"是进行频率分布分析的关键，其分布分析一般按照以下步骤进行。

（1）求极差。

（2）确定组距与组数。

（3）确定分点。

（4）列出频率分布表。

（5）绘制频率分布直方图。

定量数据的分组遵循的主要原则如下。

（1）各组之间必须是相互排斥的。

（2）各组必须将所有的数据包含在内。

（3）各组的组距最好相等。

下面结合具体实例来对定量数据进行分布分析。

表 4-2 所示是部分自行车租赁数据，绘制 cnt_number 属性的频率分布表和频率分布直方图，对该定量数据做相应的分析。

表 4-2　部分自行车租赁数据

timestamp	cnt_number/辆	temperature/℃	temperature_feels/℃	…	season_code
2015/1/4 0:00	182	3	2	…	3
2015/1/4 1:00	138	3	2.5	…	3
2015/1/4 2:00	134	2.5	2.5	…	3
2015/1/4 3:00	72	2	2	…	3
2015/1/4 4:00	47		0	…	3
2015/1/4 5:00	46	2	2	…	3
2015/1/4 6:00	51	1	-1	…	3

根据定量数据的分析步骤，对自行车租赁数据的 cnt_number 属性进行分布分析，具体操作如下。

（1）求极差

根据数据最大值及最小值求得极差，如式（4-8）所示。

$$极差=最大值-最小值 = 3960 - 13 = 3947 \tag{4-8}$$

（2）确定组距与组数

取组距为 500，则组数如式（4-9）所示。

$$组数 = \frac{极差}{组距} = \frac{3947}{500} = 7.894 \approx 8 \tag{4-9}$$

（3）确定分点

根据组距与组数得到的分组区间如表 4-3 所示。

表 4-3　分组区间

分组区间			
[0,500)	[500,1000)	[1000,1500)	[1500,2000)
[2000,2500)	[2500,3000)	[3000,3500)	[3500,4000)

（4）列出频率分布表

根据分组区间列出频率分布表，如表 4-4 所示。第 1 列将数据所在的范围分成若干组段，其中第 1 个组段要包括最小值，最后一个组段要包括最大值。习惯上将各组段设为左闭右开的半开区间，如第 1 个组段为[0,500)。第 2 列为组中值，是各组段的代表值，由本组段的上、下限相加除以 2 得到。第 3 列和第 4 列分别为频数和频率。第 5 列是累计频率（累计频数与总频数之比），是否需要计算该列视情况而定。

表4-4　频率分布表

组段	组中值 x		频数	频率 f	累计频率
[0,500)	253.5	250	132	44.29%	44.29%
[500,1000)	240.5	750	85	28.52%	72.81%
[1000,1500)	229.5	1250	34	11.40%	84.22%
[1500,2000)	236.5	1750	22	7.38%	91.61%
[2000,2500)	208	2250	7	2.34%	93.95%
[2500,3000)	181	2750	9	3.02%	96.97%
[3000,3500)	128.5	3250	2	0.67%	97.65%
[3500,4000)	227.5	3750	7	2.34%	100%

（5）绘制频率分布直方图

若以每天每小时的自行车租赁数量为横轴，以各组段的频率密度（频率与组距之比）为纵轴，根据表 4-4 的数据绘制频率分布直方图，如代码 4-4 所示。

代码 4-4　绘制频率分布直方图

```
import pandas as pd
import numpy as np
catering_sale = '../data/自行车租赁数据.csv'  # 自行车租赁数据
data = pd.read_csv(catering_sale, engine='python')  # 读取数据

bins = [0,500,1000,1500,2000,2500,3000,3500,4000]
labels = ['[0,500)','[500,1000)','[1000,1500)','[1500,2000)',
          '[2000,2500)','[2500,3000)','[3000,3500)','[3500,4000)']

#计算各组段的频率密度
data['cnt分层'] = pd.cut(data.cnt_number, bins, labels=labels)
aggResult = data.groupby(by=['cnt 分层'])['cnt_number'].agg({'cnt_number':
np.size})

pAggResult = round(aggResult/aggResult.sum(), 2, ) * 100
```

```
import matplotlib.pyplot as plt
plt.figure(figsize=(10, 6))  # 设置画布大小
pAggResult['cnt_number'].plot(kind='bar',width=0.8,fontsize=10)  # 绘制频率分
布直方图
plt.rcParams['font.sans-serif'] = ['SimHei']  # 用来正常显示中文标签
plt.title('频率分布直方图',fontsize=20)
plt.ylabel('频率密度/%')
plt.xlabel('租赁数量/辆')
plt.show()
```

运行代码 4-4 可得频率分布直方图，如图 4-3 所示。

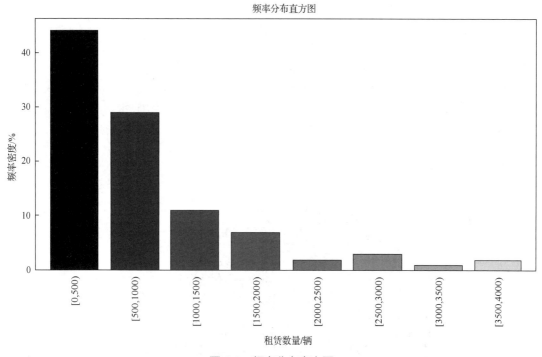

图 4-3　频率分布直方图

2. 定性数据的分布分析

对于定性数据，常常根据数据的类型来分组，可以采用饼图和条形图来描述定性数据的分布。饼图的每一个扇形部分代表每一类型数据的百分比或频数，每一部分的大小与每一类型的频数成正比；条形图的高度代表每一类型的百分比或频数，其宽度没有意义。

根据汽车车辆参数数据，绘制不同类型变速箱数量的分布图，如代码 4-5 所示。

代码 4-5　绘制不同类型变速箱数量的分布图

```
import pandas as pd
```

```
import matplotlib.pyplot as plt
gearboxtype_data = '../data/汽车参数数据.csv'  # 汽车车辆参数数据
gbt_data = pd.read_csv(gearboxtype_data, engine='python')  # 读取数据
x =gbt_data['变速箱类型'].value_counts()labels = x.index
plt.figure(figsize = (8, 6))  # 设置画布大小
explode = (0, 0.05, 0.2, 0.25, 0.3)plt.pie(x,labels=labels, explode=explode)
# 绘制饼图
plt.rcParams['font.sans-serif'] = 'SimHei'
plt.title('不同类型变速箱数量分布饼图')  # 设置标题 plt.axis('equal')
plt.show()
# 绘制条形图
y = x
plt.figure(figsize = (8, 4))  # 设置画布大小
plt.bar(x.index,y)
plt.rcParams['font.sans-serif'] = 'SimHei'
plt.xlabel('变速箱类型')  # 设置 x 轴标题 plt.ylabel('数量/台')  # 设置 y 轴标题
plt.title('不同类型变速箱数量分布条形图')  # 设置标题 plt.show()  # 展示图片
```

运行代码 4-5 可得不同变速箱类型数量的分布图，如图 4-4 和图 4-5 所示。

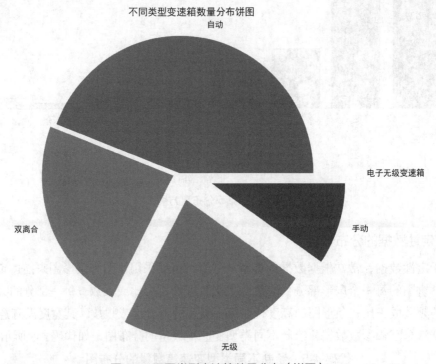

图 4-4　不同类型变速箱数量分布（饼图）

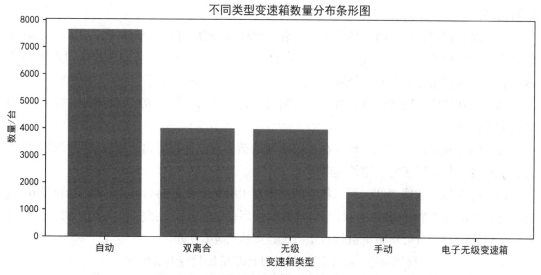

图 4-5 不同类型变速箱数量分布（条形图）

4.2.3 对比分析数据

对比分析是指将两个相互联系的指标进行比较，从数量上展示和说明研究对象规模的大小、水平的高低、速度的快慢，以及各种关系是否协调，特别适用于指标间的横纵向比较、时间序列的比较分析。在对比分析中，选择合适的对比标准十分关键。对比标准合适，才能做出客观的评价，对比标准不合适，可能得出错误的结论。

对比分析主要有绝对数比较和相对数比较两种形式。

1．绝对数比较

绝对数比较是利用绝对数进行对比，从而寻找差异的一种方法。比较时既要计算其变动的差额，又要比较其变动的百分比。常见的有资产负债比较、利润表比较、现金流量表比较等。

2．相对数比较

相对数比较是将两个有联系的指标进行对比，用于反映客观现象之间数量联系程度的综合指标，其数值表现为相对数。由于研究目的和对比基础不同，相对数可以分为以下几种。

（1）结构相对数：将同一总体内的部分数值与全部数值对比求得比值，用以说明事物的性质、结构或质量，如居民食品支出额占消费支出总额比值、产品合格率等。

（2）比例相对数：将同一总体内不同部分的数值对比，用以说明总体内各部分的比例关系，如人口性别比例、投资与消费比例等。

（3）比较相对数：将同一时期两个性质相同的指标数值对比，用以说明同类现象在不同空间条件下的数量对比关系，如不同地区商品价格对比，不同行业、不同企业间某项指标对比等。

（4）强度相对数：将两个性质不同但有一定联系的总量指标进行对比，用以说明现象的强度、密度和普遍程度，如人均国内生产总值用"元/人"表示，人口密度用"人/平方千米"表示，也有用百分数或千分数表示的，如人口出生率用‰表示。

（5）计划完成程度相对数：将某一时期实际完成数与计划完成数进行对比，用以说明计划完成程度。

（6）动态相对数：将同一现象在不同时期的指标数值进行对比，用以说明发展方向和变化的速度，如发展速度、增长速度等。

以自行车租赁数据为例，可以从时间的维度上分析每天的自行车租赁数量随时间的变化趋势，了解在哪个时间段的自行车租赁数量较多；也可以针对某一天（2015/1/5）进行分析，了解各时刻的自行车租赁数量对比情况，如代码 4-6 所示。

代码 4-6　在不同时刻的自行车租赁数量对比情况

```python
# 每天不同时刻自行车租赁数量的对比情况
import pandas as pd
import numpy as np
import matplotlib.pyplot as plt

data = pd.read_csv('../data/自行车租赁数据.csv', engine='python')
plt.rcParams['font.sans-serif'] = 'SimHei'
plt.figure(figsize=(10, 10))
for i in range(4,17):
    if i < 10:
        a = data[data.timestamp.str[:8]=='2015/1/'+str(i)]
        plt.plot(range(len(a)), a['cnt_number'], '-o', label='2015/1/'+str(i))
    else:
        a = data[data.timestamp.str[:9]=='2015/1/'+str(i)]
        plt.plot(range(len(a)), a['cnt_number'], '-o', label='2015/1/'+str(i))
plt.legend(fontsize=13)
plt.ylabel('租赁数量/辆', size=16)
plt.xlabel('时刻', size=16)
plt.yticks(size=16)
# 修改横坐标的刻度
xticks_labels = ['{}:00'.format(i) for i in range(0, 21, 5)]
plt.xticks(np.linspace(0, 21, 5, endpoint=True), xticks_labels, size=16)
plt.show()
```

```
#工作日与非工作日的自行车租赁数量对比情况
workday = data[data.timestamp.str[:8]=='2015/1/5']
plt.plot(range(len(workday)), workday['cnt_number'], '--o', label='2015/1/5')
nonworkday = data[data.timestamp.str[:8]=='2015/1/4']
plt.plot(range(len(nonworkday)), nonworkday['cnt_number'], '-o',
label='2015/1/4')
plt.legend()
plt.ylabel('租赁数量/辆')
plt.xlabel('时刻')
# 修改横坐标的刻度
xticks_labels = ['{}:00'.format(i) for i in range(0, 21, 5)]
plt.xticks(np.linspace(0, 21, 5, endpoint=True), xticks_labels)
plt.show()
```

　　运行代码 4-6 可得到每天不同时刻自行车租赁数量的变化趋势图、工作日与非工作日自行车租赁数据随时间的变化趋势图，如图 4-6 与图 4-7 所示。

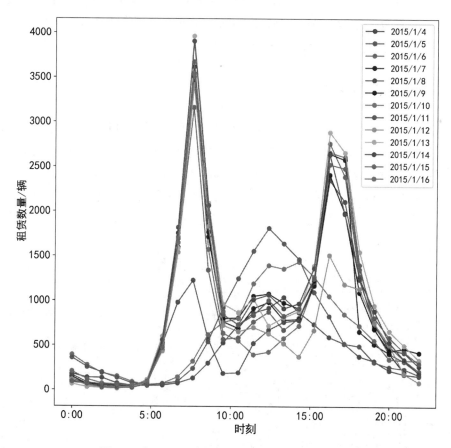

图 4-6　每天不同时刻自行车租赁数量的对比情况

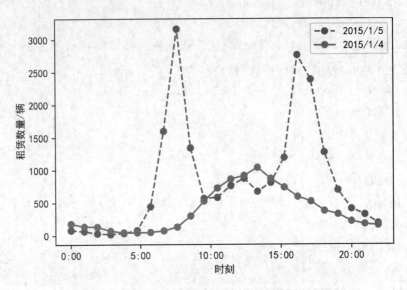

图 4-7 工作日与非工作日的自行车租赁数量对比情况

由图 4-6 和图 4-7 可知，上下班高峰期自行车租赁数量明显增加；与非工作日对比，当处于工作日时，7：00～9：00 和 16：00～19：00 是自行车租赁数量明显增加的时间段，自行车租赁数量的增加可能导致该时段交通拥堵。

4.2.4 分析数据的周期性

周期性分析是探索某个变量是否随着时间变化而呈现出某种周期变化趋势。时间尺度相对较长的周期性趋势有年度周期性趋势、季度周期性趋势，相对较短的有月度周期性趋势、周度周期性趋势，甚至更短的天、小时周期性趋势。

例如，要对 2015 年 1 月每日 8:00 和 18:00 的自行车租赁数量进行预测，可以通过分析 2015 年 1 月每日的自行车租赁数量的时序图，来直观地估计自行车租赁数量随日期的变化趋势。绘制自行车租赁数量时序图，如代码 4-7 所示。

代码 4-7 绘制自行车租赁数量时序图

```python
import pandas as pd
import matplotlib.pyplot as plt


data = pd.read_csv('../data/London_bike.csv')


data.index = pd.to_datetime(data['timestamp'])
data1 = data[data.index.hour == 8]
data2 = data[data.index.hour == 18]
plt.rcParams['font.sans-serif'] = 'SimHei'
```

```
plt.plot(data1.index.day, data1['cnt_number'], '-o', label='8:00')
plt.legend()
plt.ylabel('租赁数量/辆')
plt.xlabel('日期')
# 修改横坐标的刻度
xticks_labels = ['1月{}日'.format(i) for i in range(5, 31, 5)]
plt.xticks(np.linspace(5, 31, 6, endpoint=True), xticks_labels)
plt.show()

plt.plot(data2.index.day, data2['cnt_number'], '-o', label='18:00')
plt.legend()
plt.ylabel('租赁数量/辆')
plt.xlabel('日期')
# 修改横坐标的刻度
xticks_labels = ['1月{}日'.format(i) for i in range(5, 31, 5)]
plt.xticks(np.linspace(5, 31, 6, endpoint=True), xticks_labels)
plt.show()
```

运行代码 4-7 可得 2015 年 1 月 8:00 和 18:00 的自行车租赁数量时序图，如图 4-8 和图 4-9 所示。

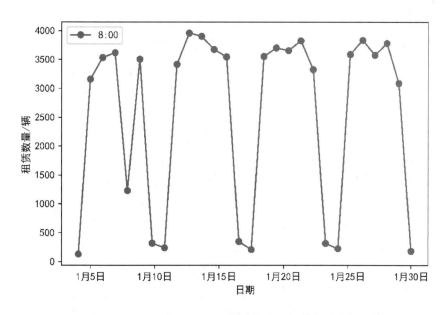

图 4-8　2015 年 1 月 8:00 的自行车租赁数量时序图

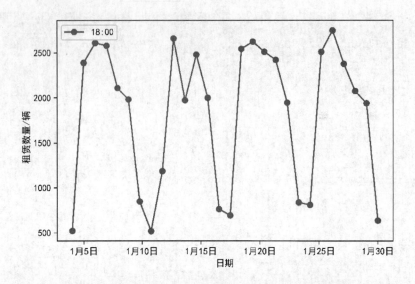

图 4-9　2015 年 1 月 18:00 的自行车租赁数量时序图

由图 4-8 和图 4-9 可知，在 2015 年 1 月每日 8:00 和 18:00 两个时刻，自行车租赁数量呈现出周期性变化，以周为周期，因为一般周六、周日不上班，所以周末自行车租赁数量较少。

4.2.5　分析数据的相关性

分析连续变量之间线性相关程度的强弱，并用适当的统计指标表示出来的过程称为相关性分析。

1. 绘制散点图

判断两个变量是否具有线性相关关系的直观的方法是绘制散点图，如图 4-10 所示。

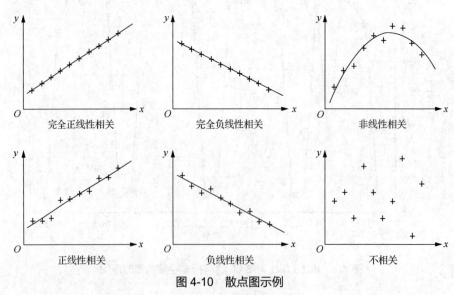

图 4-10　散点图示例

2. 绘制散点图矩阵

同时考察多个变量间的相关关系时，一一绘制它们之间的简单散点图会十分麻烦。此时可利用散点图矩阵来同时绘制各变量间的散点图，从而快速发现多个变量间的主要相关性，这在进行多元线性回归分析时显得尤为重要。

散点图矩阵示例如图 4-11 所示。

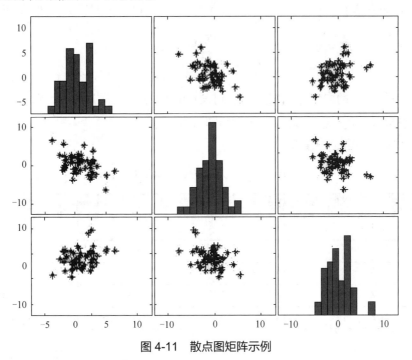

图 4-11 散点图矩阵示例

3. 计算相关系数

为了更加准确地描述变量之间的线性相关程度，可以通过计算相关系数来进行相关性分析。在二元变量的相关性分析过程中，比较常用的有 Pearson（皮尔逊）相关系数、Spearman（斯皮尔曼）秩相关系数（也称等级相关系数）和判定系数。

（1）Pearson 相关系数

Pearson 相关系数 r 一般用于分析两个连续变量之间的关系，其计算公式如式（4-10）所示。

$$r = \frac{\sum\limits_{i=1}^{n}(x_i - \bar{x})(y_i - \bar{y})}{\sqrt{\sum\limits_{i=1}^{n}(x_i - \bar{x})^2 \sum\limits_{i=1}^{n}(y_i - \bar{y})^2}} \tag{4-10}$$

式中，x_i 和 y_i 代表两个变量的观测值，$\bar{x}$ 和 $\bar{y}$ 代表两个变量的平均值。相关系数 r 的取值范围为 $-1 \leqslant r \leqslant 1$。当 $r>0$ 时，变量之间为正相关关系，$r<0$ 时，变量之间为负相关关系，$r=0$ 时表示变量之间不存在线性关系，$|r|=1$ 时表示变量完全线性相关。

Python 数据分析基础与案例实战

$0<|r|<1$ 表示存在不同程度的线性相关。其中 $|r|\leq0.3$ 时表示变量之间为极弱线性相关或不存在线性相关，$0.3<|r|\leq0.5$ 时表示变量之间为低度线性相关，$0.5<|r|\leq0.8$ 时变量之间为显著线性相关，$|r|>0.8$ 时变量为高度线性相关。

（2）Spearman 秩相关系数

Pearson 相关系数要求连续变量的取值服从正态分布。不服从正态分布的变量、分类或等级变量之间的相关性分析可采用 Spearman 秩相关系数 r_s，其计算公式如式（4-11）所示。

$$r_s = 1 - \frac{6\sum_{i=1}^{n}(R_i - Q_i)^2}{n(n^2 - 1)} \quad (4\text{-}11)$$

对两个变量成对的取值分别按照从小到大（或从大到小）顺序编秩，R_i 代表 x_i 的秩次，Q_i 代表 y_i 的秩次，$R_i - Q_i$ 代表 x_i、y_i 的秩次之差。

表 4-5 给出了变量 x 秩次的计算过程。

表 4-5 x 秩次的计算过程

x 从小到大排序	从小到大排序时的位置	R_i
0.5	1	1
0.8	2	2
1.0	3	3
1.2	4	(4+5)/2=4.5
1.2	5	(4+5)/2=4.5
2.3	6	6
2.8	7	7

因为一个变量相同的取值必须有相同的秩次，所以在计算中采用的秩次是排序后所在位置的均值。

如果两个变量具有严格单调的函数关系，那么它们就是完全 Spearman 相关的。这与 Pearson 相关不同，Pearson 相关只有在变量具有线性关系时才是完全相关的。

Pearson 相关系数和 Spearman 秩相关系数在实际应用计算中都要对其进行假设检验，使用 t 检验方法检验它们的显著性水平以确定其相关程度。研究表明，在正态分布假设下，Spearman 秩相关系数与 Pearson 相关系数是等价的，而对于连续测量数据，更适合用 Pearson 相关系数来进行分析。

（3）判定系数

判定系数是相关系数的平方，用 r^2 表示。判定系数用来衡量回归方程对 y 的解释程度。判定系数的取值范围为 $0\leq r^2\leq1$，r^2 越接近于 1，表明 x 与 y 之间的相关性越强；r^2 越接近于 0，表明 x 与 y 之间的相关性越弱。

分析数据之间的相关性可以得到属性之间的关系，为接下来的数据预处理提供参考。下面对自行车租赁数据进行相关性分析，如代码 4-8 所示。

代码 4-8　自行车租赁数据相关性分析

```
# 自行车租赁数据相关性分析
import pandas as pd


print(data.corr())  # 相关系数矩阵，即给出了任意两个属性之间的相关系数
data.corr()['temperature']  # 只显示 temperature 与其他属性的相关系数
# 计算 temperature 与 temperature_feels 的相关系数
print(data['temperature '].corr(data['temperature_feels']))
```

在代码 4-8 中给出了 3 种不同形式的相关系数的运算。运行代码 4-8 可得到任意两个属性之间的相关系数，如运行 "data.corr()['temperature']" 可以得到以下结果。

```
cnt_number          0.074249
temperature         1.000000
temperature_feels   0.944710
humidity            -0.133516
wind_speed          0.624687
weather_code        0.324112
is_holiday          NaN
is_weekend          -0.314252
season_code         NaN
Name: temperature, dtype: float64
```

从这个结果可以看出，temperature（气温）和 temperature_feels（体感温度）之间存在相关性，在后续的数据预处理中就要对其进行处理。

小结

本章主要介绍了在数据探索中如何分析数据质量和数据特征。其中，分析数据质量主要是对缺失值和异常值进行分析，检测数据是否存在缺失值和异常值；分析数据特征则需要在数据挖掘建模前，通过统计量分析、分布分析、对比分析、周期性分析、相关性分析等分析方法，对采集的样本数据的特征规律进行分析。

课后习题

1. 选择题

（1）下列不属于数据特征分析的是（　　）。

　　A. 分布分析　　B. 对比分析　　C. 周期性分析　　D. 杜邦分析

（2）下列哪个不可以用于异常值分析？（　　　）

    A. 简单统计量分析　　　　　　　　B. 3σ 原则

    C. 箱线图分析　　　　　　　　　　D. 拉格朗日插值

（3）下列哪个不是集中趋势的度量？（　　　）

    A. 均值　　　　　B. 中位数　　　　C. 众数　　　　D. 极差

（4）绘制饼图的方法是（　　　）。

    A. plt.plot()　　　B. plt.bar()　　　C. plt.pie()　　　　D. plt.scatter()

（5）下列关于结构相对数的描述正确的是（　　　）。

    A. 将同一总体内的部分数值与全部数值进行对比求得比值

    B. 将同一总体内不同部分的数值进行对比

    C. 将同一时期两个性质相同的指标进行对比

    D. 将两个性质不同但有一定联系的总量指标进行对比

2. 操作题

2020 年 6 月某检测点通过车辆数据如表 4-6 所示，2020 年 1 月～5 月 3 个地区电瓶车销量数据如表 4-7 所示。

表 4-6　2020 年 6 月某检测点通过车辆数据

日期	车辆类型	数量/辆
2020/6/1	小轿车	687
2020/6/1	货车	252
2020/6/1	电瓶车	578
2020/6/1	自行车	233

表 4-7　2020 年 1 月～5 月 3 个地区电瓶车销量数据　　　　单位：辆

日期	A	B	C
2020/1/1	146	112	88
2020/2/1	134	139	78
2020/3/1	168	124	82
2020/4/1	127	132	97
2020/5/1	139	182	101

为了解某检测点通过车辆数据和 3 个地区电瓶车销量数据的情况，需要对数据进行以下操作。

（1）绘制饼图对通过车辆数量进行分析。

（2）绘制条形图对各月份的各地区电瓶车销量进行分析。

（3）绘制折线图对各地区的各月份电瓶车销量进行分析。

第 5 章 数据预处理

在数据挖掘中，海量的原始数据中可能存在着大量不完整（缺失值）、不一致、异常的数据，可能严重影响数据挖掘建模的执行效率，甚至可能导致挖掘结果的偏差，为贯彻高质量，进行数据预处理就显得尤为重要。本章主要介绍数据清洗、数据变换、属性构造、属性规约以及数据合并等数据处理方法。

学习目标

（1）掌握缺失值和异常值常用的处理方法。
（2）了解函数变换的概念和作用，掌握常用的数据标准化和数据离散化方法。
（3）熟悉属性构造的原理和实现过程。
（4）熟悉属性规约的原理和实现过程。
（5）掌握多表合并和分组聚合的方法。

5.1 数据清洗

数据清洗主要是指删除原始数据集中的无关数据、重复数据、平滑噪声数据，筛选与挖掘与主题无关的数据，处理缺失值、异常值等。

5.1.1 处理缺失值

数据的缺失主要包括记录的缺失和记录中某个字段信息的缺失，两者都会造成分析结果的不准确。

处理缺失值的方法可分为 3 类：删除记录、数据插补和不处理。其中常用的数据插补方法如表 5-1 所示。

表 5-1　常用的数据插补方法

数据插补方法	方法描述
均值/中位数/众数插补	根据属性值的类型，用该属性值的均值/中位数/众数进行插补
使用固定值插补	将缺失的属性值用一个常量替换

续表

数据插补方法	方法描述
最近邻插补	使用记录中与缺失样本最接近的样本的属性值进行插补
回归方法	对带有缺失值的变量，根据已有数据以及与其有关的其他变量（因变量）的数据建立拟合模型来预测缺失的属性值
插值法	利用已知点建立合适的插值函数 $f(x)$，未知值由对应点 x_i 求出的函数值 $f(x_i)$ 近似代替

如果通过简单地删除小部分记录能达到既定的目标，那么删除含有缺失值的记录这种方法是最有效的。然而，这种方法却有很大的局限性，它是以减少历史数据来换取数据的完备性的，可能会造成资源的大量浪费，丢弃大量隐藏在这些记录中的信息。尤其在数据集本来就包含很少记录的情况下，删除少量记录可能会影响分析结果的客观性和正确性。一些模型可以将缺失值视作一种特殊的取值，允许直接在含有缺失值的数据上进行建模。

本节主要介绍拉格朗日插值法和牛顿插值法，其他的插值方法包括 Hermite（埃尔米特）插值法、分段插值法、样条插值法等。

1. 拉格朗日插值法

拉格朗日插值法的基本实现步骤如下。

（1）确定原始数据因变量和自变量。

（2）取缺失值前后各 k 个数据，将剔除缺失值后的 $2k$ 个数据组成一组，将剩下的数据依次排序，并基于拉格朗日插值多项式，对全部缺失值依次进行插补。

拉格朗日插值法在理论分析中很方便，但是当插值节点增减时，插值多项式就会随之变化，这在实际计算中是很不方便的。而牛顿插值法可以克服这一缺点。

2. 牛顿插值法

牛顿插值法的基本实现步骤如下。

（1）计算差商（差商是函数增量与其自变量增量的比）。

（2）计算牛顿插值多项式。

（3）利用所得多项式计算需插入缺失部分的值。

牛顿插值法也是多项式插值，但采用了另一种构造插值多项式的方法，与拉格朗日插值法相比，牛顿插值法具有承袭性和易于变动节点的特点。本质上来说，两者给出的结果是一样的（相同次数、相同系数的多项式），只不过表示的形式不同。因此，在 Python 的 SciPy 库中，只提供了拉格朗日插值法的函数（因为实现上比较容易）。若需要使用牛顿插值法，则需要自行编写函数。

下面结合具体案例介绍拉格朗日插值实现的方法。

在自行车租赁数据中可能会出现缺失值，表 5-2 所示为自行车租赁期间的气温数据，其中 2015/1/4 4:00 的数据缺失。用拉格朗日插值法对缺失值进行插补，如代码 5-1 所示。

表 5-2　自行车租赁期间的气温数据

timestamp	2015/1/4 0:00	2015/1/4 1:00	2015/1/4 2:00	2015/1/4 3:00	2015/1/4 4:00	2015/1/4 5:00
temperature/℃	3	3	2.5	2		2

代码 5-1　用拉格朗日插值法对缺失值进行插补

```python
import pandas as pd  # 导入数据分析库 pandas
from scipy.interpolate import lagrange  # 导入拉格朗日插值函数

inputfile = '../data/自行车租赁数据.csv'  # 自行车租赁数据路径
outputfile = '../tmp/自行车租赁数据'  # 输出数据路径

data = pd.read_csv(inputfile)  # 读入数据
data[u'temperature'][(data[u'temperature'] < 1) | (data[u'temperature'] > 15)] =
None  # 过滤异常值，将其变为缺失值

# 自定义列向量插值函数
# s 为列向量，n 为被插值的位置，k 为取前后的数据个数，默认为 4
def ployinterp_column(s, n, k=4):
  y = s[list(range(n-k, n)) + list(range(n+1, n+1+k))]  # 取数
  y = y[y.notnull()]  # 剔除缺失值
  return lagrange(y.index, list(y))(n)  # 插值并返回插值结果

# 逐个元素判断是否需要插值
for i in data.columns:
  for j in range(len(data)):
    if (data[i].isnull())[j]:  # 如果为空即插值
      data[i][j] = ployinterp_column(data[i], j)

data.to_excel(outputfile)  # 输出结果，写入文件
```

用拉格朗日插值法对表 5-2 中的缺失值进行插补，使用缺失值前后各 4 个未缺失的数据建模，得到的插值结果如表 5-3 所示。

表 5-3　插值结果

timestamp	原始值	插值
2015/1/4 4:00		2.1
2015/1/9 19:00	15.5	15.0

在进行插值之前会对数据进行异常值检测，发现 2015/1/9 19:00 的数据是异常的（数据大于 15.5），所以也将此日期数据定义为缺失值。利用拉格朗日插值法对 2015/1/9 19:00 和 2015/1/4 4:00 的数据进行插补，结果是 15.0℃和 2.1℃。结合当天其他时刻的气温数据可知，插值结果比较符合实际情况。

5.1.2　处理异常值

在数据预处理时，异常值是否剔除，需视具体情况而定，因为有些异常值可能蕴含有用的信息。异常值处理常用方法如表 5-4 所示。

表 5-4　异常值处理常用方法

异常值处理常用方法	方法描述
删除含有异常值的记录	直接将含有异常值的记录删除
视为缺失值	将异常值视为缺失值，利用缺失值处理的方法进行处理
均值修正	可用前后两个观测值的均值修正该异常值
不处理	直接在具有异常值的数据集上进行挖掘建模

将含有异常值的记录直接删除这种方法简单、易行，但缺点也很明显，在观测值很少的情况下，直接删除会造成样本量不足，可能会改变变量的原有分布，从而造成分析结果的不准确。视为缺失值处理的好处是可以利用现有变量的信息，对异常值（缺失值）进行填补。

很多情况下，要先分析异常值出现的原因，再判断异常值是否应该舍弃，如果是正确的数据，那么可以直接在具有异常值的数据集上进行挖掘建模。

5.2　数据变换

数据变换主要是对数据进行函数变换、标准化、离散化等处理，将数据转换成"适当的"形式，以满足分析任务及算法的需要。

5.2.1　函数变换

简单的函数变换是对原始数据进行某些数学函数变换，常用的包括平方、开方、取对数、差分运算等,分别如式(5-1)~式(5-4)所示。

$$x' = x^2 \tag{5-1}$$

$$x' = \sqrt{x} \tag{5-2}$$

$$x' = \log(x) \tag{5-3}$$

$$\Delta f(x_k) = f(x_{k+1}) - f(x_k) \tag{5-4}$$

简单的函数变换常用于将不具有正态分布的数据变换成具有正态分布的数据。在数据分析中,简单的函数变换可能更有必要,如年收入的取值范围为 10000 元~10 亿元,这是一个很大的区间,使用对数变换对其进行压缩是常用的一种变换处理。

5.2.2 数据标准化

数据标准化(归一化)处理是数据分析的一项基础工作。不同评价指标往往具有不同的量纲,数值间的差别可能很大,不进行处理可能会影响数据分析的结果。为了消除指标之间的量纲和取值范围差异的影响,需要对数据进行标准化处理,将数据按照比例进行缩放,使之落入一个特定的区域,便于进行综合分析。如将工资收入属性值映射到[-1,1]或[0,1]。

数据标准化对于基于距离的分析算法尤为重要。

1. 最小-最大标准化

最小-最大标准化也称为离差标准化,是对原始数据的线性变换,可将数据映射到[0,1],如式(5-5)所示。

$$x^* = \frac{x - \min}{\max - \min} \tag{5-5}$$

其中,max 为样本数据的最大值,min 为样本数据的最小值,max - min 为样本数据的极差。最小-最大标准化保留了原始数据中存在的关系,是消除量纲差异影响的最简单的方法。这种处理方法的缺点是若数据集中某个数据很大,则规范化后各数据会接近于 0,并且相差不大。若将来遇到超过目前属性[min,max] 取值范围的新增数据时,会引起系统出错,则需要重新确定 min 和 max。

2. 零-均值标准化

零-均值标准化也叫标准差标准化,经过处理的数据的均值为 0,标准差为 1。零-均值标准化如式(5-6)所示。

$$x^* = \frac{x - \overline{x}}{\sigma} \tag{5-6}$$

其中,$\overline{x}$ 为原始数据的均值,σ 为原始数据的标准差。零-均值标准化是当前使用比较广泛的数据标准化方法。

3. 小数定标标准化

通过移动属性值的小数位数,将属性值映射到[-1,1],移动的小数位数取决于属性值绝

Python 数据分析基础与案例实战

对值的最大值。小数定标标准化如式（5-7）所示。

$$x^* = \frac{x}{10^k}$$

（5-7）

以部分自行车租赁数据为例，其中数据集含有 298 个记录、4 个属性（体感温度、相对湿度、风速、天气代码），如表 5-5 所示。

表 5-5　原数据

Index	temperature_feels/℃	humidity/%	wind_speed/（km/h）	weather_code
0	2.0	93.0	6.0	3
1	2.5	93.0	5.0	1
2	2.5	96.5	0.0	1
3	2.0	100.0	0.0	1
…	…	…	…	…
295	4.5	61.0	15.0	3
296	3.0	71.0	13.0	2
297	3.5	68.5	17.0	2

对自行车租赁数据中每一个属性的取值分别用最小–最大标准化、零–均值标准化、小数定标标准化进行标准化，如代码 5-2 所示，得到的最小–最大标准化、零–均值标准化、小数定标标准化后的结果分别如表 5-6～表 5-8 所示。

代码 5-2　数据标准化

```python
import pandas as pd
import numpy as np


inputfile = '../data/自行车租赁数据.csv'  # 自行车租赁数据路径
data = pd.read_csv(inputfile, engine='python')  # 读入数据
data = data[['temperature_feels','humidity','wind_speed','weather_code']]


print((data - data.min()) / (data.max() - data.min()))  # 最小–最大标准化
print((data - data.mean()) / data.std())  # 零–均值标准化
print(data / 10 ** np.ceil(np.log10(data.abs().max())))  # 小数定标标准化
```

表 5-6　最小–最大标准化

Index	temperature_feels	humidity	wind_speed	weather_code
0	0.205882	0.865385	0.125000	0.08
1	0.235294	0.865385	0.104167	0.00
2	0.235294	0.932692	0.000000	0.00
3	0.205882	1.000000	0.000000	0.00

续表

Index	temperature_feels	humidity	wind_speed	weather_code
…	…	…	…	…
295	0.352941	0.250000	0.312500	0.08
296	0.264706	0.442308	0.270833	0.04
297	0.294118	0.394231	0.354167	0.04

表 5-7 零-均值标准化

Index	temperature_feels	humidity	wind_speed	weather_code
0	−0.937254	1.659017	1.674024	−0.155514
1	−0.818301	1.659017	1.774560	0.753490
2	−0.818301	1.978684	2.277240	0.753490
3	−0.937254	2.298351	2.277240	−0.753490
…	…	…	…	…
295	−0.342489	1.263648	0.769201	−0.155514
296	−0.699348	0.350315	0.970273	−0.454502
297	−0.580395	0.578649	0.568129	−0.454502

表 5-8 小数定标标准化

Index	temperature_feels	humidity	wind_speed	weather_code
0	0.020	0.930	0.060	0.03
1	0.025	0.930	0.050	0.01
2	0.025	0.965	0.000	0.01
3	0.020	1.000	0.000	0.01
…	…	…	…	…
295	0.045	0.610	0.150	0.03
296	0.030	0.710	0.130	0.02
297	0.035	0.685	0.170	0.02

5.2.3 离散化连续型数据

一些数据分析算法，特别是某些分类算法，如 ID3 算法、KNN 算法等，要求数据是分类属性形式的。因此，常常需要将连续属性变换成分类属性，即将连续属性离散化。

1. 离散化的过程

连续属性的离散化就是在数据的取值范围内设定若干个离散的划分点，将取值范围划分为一些离散化的区间，最后用不同的符号或整数值代表落在每个子区间中的数据值。所以，离散化涉及两个子任务：确定区间数以及将连续属性值映射到这些区间中。

2. 常用的离散化方法

常用的离散化方法有等宽法、等频法和一维聚类法。

（1）等宽法

等宽法将属性的值域分成具有相同宽度的区间，区间的个数由数据本身的特点决定或由用户指定，类似于制作频率分布表。

（2）等频法

等频法将相同数量的记录放进每个区间。

等宽法和等频法都比较简单、易于操作，但都需要人为地规定区间的个数。等宽法的缺点在于它对离群点比较敏感，倾向于不均匀地将属性值分布到各个区间，有些区间包含许多数据，而另外一些区间的数据极少，这样会严重损坏建立的决策模型。等频法虽然避免了上述问题的产生，但是可能将相同的数据值分到不同的区间以保证每个区间中具有固定的数据个数。

（3）一维聚类法

一维聚类法包括两个步骤，首先将连续属性的值用聚类算法（如 K-Means 算法）进行聚类，然后将聚类得到的簇进行处理，合并到一个簇的连续属性值做同一标记。聚类分析的离散化方法也需要用户指定簇的个数，从而决定产生的区间数。

下面以自行车租赁数据中不同时刻的风速数据为例，分别使用上述 3 种离散化方法对风速数据进行属性离散化的对比，数据如表 5-9 所示。

表 5-9　不同时刻的风速数据

timestamp	2015/1/4 0:00	2015/1/4 1:00	2015/1/4 2:00	2015/1/4 3:00	2015/1/4 4:00
wind_speed/ （km/h）	6.0	5.0	0.0	0.0	6.5

分别用等宽法、等频法和一维聚类法对数据进行离散化，将数据分成 4 类，然后将每一类记为同一个标识，如分别记为 0、1、2、3，再进行建模，如代码 5-3 所示，得到的等宽法、等频法和一维聚类法离散化后的结果分别如图 5-1、图 5-2、图 5-3 所示，其中横坐标为风速，单位为千米每小时。

代码 5-3　数据离散化

```
import pandas as pd
import numpy as np
inputfile = '../data/自行车租赁数据.csv'  # 自行车租赁数据路径
data = pd.read_csv(inputfile, engine='python')  # 读入数据
data = data['wind_speed'].copy()
k = 4  # 类别数目
# 等宽法离散化，各个类别依次命名为 0、1、2、3
```

```python
d1 = pd.cut(data, k, labels=range(k))


# 等频法离散化
w = [1.0 * i / k for i in range(k + 1)]
# 使用 describe 函数自动计算分位数
w = data.describe(percentiles=w)[4: 4 + k + 1]
w[0] = w[0] * (1-1e-10)
d2 = pd.cut(data, w, labels=range(k))


# 一维聚类法离散化
from sklearn.cluster import KMeans  # 导入 K-Means
kmodel = KMeans(n_clusters=k, n_jobs=4)
kmodel.fit(np.array(data).reshape((len(data), 1)))  # 训练模型
c = pd.DataFrame(kmodel.cluster_centers_).sort_values(0)  # 输出聚类中心，并
且排序
w = c.rolling(2).mean()  # 相邻两项求中点，作为边界点
w = w.dropna()
w = [0] + list(w[0]) + [data.max()]  # 将首末边界点加上
d3 = pd.cut(data, w, labels=range(k))
# 自定义作图函数来显示聚类结果
def cluster_plot(d, k):
    import matplotlib.pyplot as plt
    plt.rcParams['font.sans-serif'] = ['SimHei']  # 用于正常显示中文标签
    plt.rcParams['axes.unicode_minus'] = False  # 用于正常显示负号
    plt.figure(figsize=(8, 3))
    for j in range(0, k):
        plt.plot(data[d==j], [j for i in d[d==j]], 'o')
    plt.ylim(-0.5, k-0.5)
    plt.rc('font', size=12)
    plt.ylabel('标识')
    plt.xlabel('风速/(km/h)')
    return plt


cluster_plot(d1, k).show()
cluster_plot(d2, k).show()
cluster_plot(d3, k).show()
```

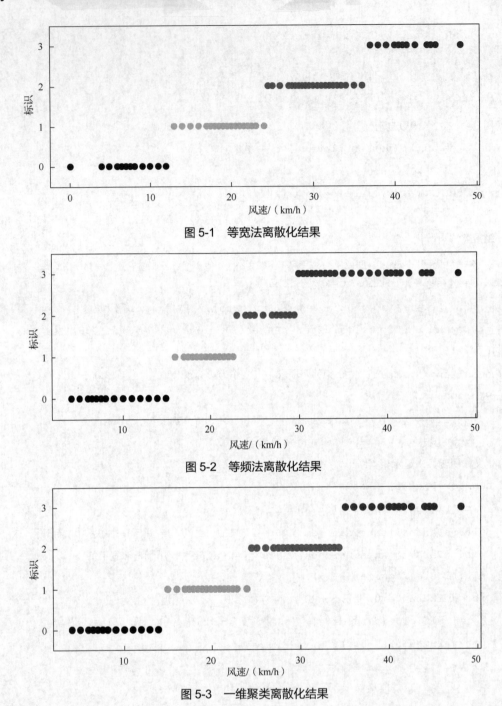#

图 5-1 等宽法离散化结果

图 5-2 等频法离散化结果

图 5-3 一维聚类离散化结果

5.3 属性构造

在数据挖掘的过程中，为了帮助提取更有用的信息，提高挖掘结果的精度，需要利用已有的属性集构造出新的属性，并将其加入已有的属性集中。

比如在实际生活中人们在购买机票后因为临时有事只能退票时，如果航空公司不能及时将机票卖出，就会造成资源浪费。为了应对这种情况，航空公司通常会卖出超过额定座位数量的机票。但是为了确定要卖出多少张机票，会提出一种叫机票利用率的属性，该属性可表示为机票利用率=上机人数÷售票数。机票利用率属性构造如代码 5-4 所示。

代码 5-4　机票利用率属性构造

```
import pandas as pd

data = pd.read_csv('./data/air.csv', encoding='gb18030')  # 读入数据
data['机票利用率'] = data['上机人数'] / data['售票数']
```

5.4　属性规约

属性规约通过属性合并创建新属性维数，或直接通过删除不相关的属性（维）来减少数据维数，从而提高数据挖掘的效率、降低计算成本。属性规约的目标是寻找出最小的属性子集，并确保新属性子集的概率分布尽可能接近原来属性集的概率分布。属性规约常用方法如表 5-10 所示。

表 5-10　属性规约常用方法

属性规约常用方法	方法描述	方法解析
合并属性	将一些旧属性合并为新属性	初始属性集：$\{A_1, A_2, A_3, A_4, B_1, B_2, B_3, C\}$ $\{A_1, A_2, A_3, A_4\} \rightarrow A$ $\{B_1, B_2, B_3\} \rightarrow B$ $\Rightarrow$ 规约后的属性集：$\{A, B, C\}$
逐步向前选择	从一个空属性集开始，每次从原来属性集中选择一个当前最优的属性添加到当前属性子集中，直到无法选择出最优属性或满足一定阈值约束为止	初始属性集：$\{A_1, A_2, A_3, A_4, A_5, A_6\}$ $\{\} \Rightarrow \{A_1\} \Rightarrow \{A_1, A_4\}$ $\Rightarrow$ 规约后的属性集：$\{A_1, A_4, A_6\}$
逐步向后删除	从一个全属性集开始，每次从当前属性子集中选择一个当前最差的属性并将其从当前属性子集中删除，直到无法选择出最差属性或满足一定阈值约束为止	初始属性集：$\{A_1, A_2, A_3, A_4, A_5, A_6\}$ $\{A_1, A_2, A_3, A_4, A_5, A_6\}$ $\Rightarrow \{A_1, A_3, A_4, A_5, A_6\} \Rightarrow \{A_1, A_4, A_5, A_6\}$ $\Rightarrow$ 规约后的属性集：$\{A_1, A_4, A_6\}$
决策树归纳	利用决策树的归纳方法对初始数据进行分类归纳学习，获得一个初始决策树，所有没有出现在这个决策树上的属性均可认为是无关属性，因此将这些属性从初始属性集中删除，即可获得一个较优的属性子集	初始属性集：$\{A_1, A_2, A_3, A_4, A_5, A_6\}$ $\Rightarrow$ 规约后的属性集：$\{A_1, A_4, A_6\}$

续表

属性规约常用方法	方法描述	方法解析
主成分分析	用较少的变量去解释原始数据中的大部分变量，即将许多相关性很高的变量转化成彼此相互独立或不相关的变量	详见下面计算步骤

逐步向前选择、逐步向后删除和决策树归纳是属于直接删除不相关属性（维）的方法。主成分分析（Principal Component Analysis，PCA）是一种用于连续属性的数据降维方法，它构造了原始数据的一个正交变换，新空间的基底去除了原始空间基底下数据的相关性，只需使用少数新变量就能够解释原始数据中的大部分变量。在实际应用中，通常选出比原始变量个数少，能解释大部分数据中的变量的几个新变量，即所谓主成分，来代替原始变量进行建模。

主成分分析的计算步骤如下。

（1）设原始变量 $X_1, X_2, \cdots, X_p$ 的 n 次观测数据矩阵 $\boldsymbol{X}$ 如式（5-8）所示。

$$\boldsymbol{X} = \begin{pmatrix} x_{11} & x_{12} & \cdots & x_{1p} \\ x_{21} & x_{22} & \cdots & x_{2p} \\ \vdots & \vdots & & \vdots \\ x_{n1} & x_{n2} & \cdots & x_{np} \end{pmatrix} = (X_1, X_2, \cdots, X_p) \tag{5-8}$$

（2）将数据矩阵按列进行中心标准化。为了方便，将标准化后的数据矩阵仍然记为 $\boldsymbol{X}$。

（3）求相关系数矩阵 $\boldsymbol{R}$，$\boldsymbol{R} = (r_{ij})_{p \times p}$。$r_{ij}$ 的定义如式（5-9）所示，其中 $r_{ij} = r_{ji}$。

$$r_{ij} = \sum_{k=1}^{n}(x_{ki} - \overline{x}_i)(x_{kj} - \overline{x}_j) / \sqrt{\sum_{k=1}^{n}(x_{ki} - \overline{x}_i)^2 \sum_{k=1}^{n}(x_{kj} - \overline{x}_j)^2} \tag{5-9}$$

（4）求 $\boldsymbol{R}$ 的特征方程 $\det(\boldsymbol{R} - \lambda \boldsymbol{E}) = 0$ 的特征根，$\lambda_1 \geq \lambda_2 \geq \cdots \geq \lambda_p > 0$。

（5）确定主成分个数 m：$\dfrac{\sum_{i=1}^{m}\lambda_i}{\sum_{i=1}^{p}\lambda_i} \geq \alpha$（$\alpha$ 根据实际问题确定，一般取 80%）。

（6）计算 m 个相应的单位特征向量，如式（5-10）所示。

$$\boldsymbol{\beta}_1 = \begin{pmatrix} \beta_{11} \\ \beta_{21} \\ \vdots \\ \beta_{p1} \end{pmatrix}, \boldsymbol{\beta}_2 = \begin{pmatrix} \beta_{12} \\ \beta_{22} \\ \vdots \\ \beta_{p2} \end{pmatrix}, \cdots, \boldsymbol{\beta}_m = \begin{pmatrix} \beta_{1m} \\ \beta_{2m} \\ \vdots \\ \beta_{pm} \end{pmatrix} \tag{5-10}$$

（7）计算主成分 Z_1，如式（5-11）所示。

$$Z_1 = \beta_{1i}X_1 + \beta_{2i}X_2 + \cdots + \beta_{pi}X_p \quad (i = 1, 2, \cdots, m) \tag{5-11}$$

在 Python 中，主成分分析的 PCA 函数位于 scikit-learn 库中，其使用格式如下，参数及其说明如表 5-11 所示。

```
sklearn.decomposition.PCA(n_components = None, copy = True, whiten = False)
```

表 5-11 PCA 函数的参数及其说明

参数名称	参数说明
n_components	接收 int 或 str。表示需要保留的主成分个数。默认为 None，即所有成分都被保留
copy	接收 bool。表示是否将原始训练数据复制一份。默认为 True
whiten	接收 bool。表示是否白化，使得每个特征具有相同的方差。默认为 False

使用主成分分析进行降维，如代码 5-5 所示。

代码 5-5 使用主成分分析进行降维

```
import pandas as pd


# 参数初始化
inputfile = '../data/principal_component.csv'
outputfile = '../tmp/dimention_reduced.csv'  # 降维后的数据


data = pd.read_csv(inputfile)  # 读入数据
data = data.fillna(data.mean())
from sklearn.decomposition import PCA


pca = PCA()
pca.fit(data)
pca.components_  # 返回模型的各个单位特征向量
pca.explained_variance_ratio_  # 返回各个成分各自的方差百分比
```

运行代码 5-5 得到的结果如下。

```
>>> pca.components_  # 返回模型的各个单位特征向量
array([[-9.92588548e-01,  2.60347296e-02,  2.13536659e-02,
          1.85652079e-02,  1.01037725e-02, -3.21725389e-03,
          3.79539991e-03,  1.88098149e-02,  4.73097406e-02,
          7.49804913e-02,  6.46807755e-02,  1.31685665e-02,
         -2.41878499e-02,  2.24914371e-03,  1.20845324e-03],
       [-1.47965159e-02,  7.22086102e-01,  5.39332549e-02,
         -1.82661454e-03, -2.46698941e-03, -1.06473039e-03,
          1.20873248e-02,  3.16165045e-03,  3.80371121e-04,
          1.45850183e-02, -6.19906686e-01,  3.01002990e-01,
         -1.39427896e-02, -1.55319127e-03, -7.01932532e-04],
        ...
       [-1.39571299e-04, -3.68590254e-02,  4.25423057e-03,
```

```
         1.62740864e-02,  -1.18919144e-02,  3.17322743e-01,
         9.46717199e-01,   7.53709648e-03,  3.67597837e-03,
        -9.90144093e-03,  -2.47653062e-02,  3.60817488e-04,
         2.05573491e-03,   2.15154524e-02,  9.49544992e-04]])
>>> pca.explained_variance_ratio_    # 返回各个成分各自的方差百分比
array([7.67763785e-01, 1.11767613e-01, 4.56081680e-02,
       2.68211281e-02, 1.71556563e-02, 1.29386917e-02,
       6.56979885e-03, 4.79914107e-03, 2.65175102e-03,
       1.93616717e-03, 1.00677706e-03, 7.76100804e-04,
       1.90664649e-04, 1.38195636e-05, 7.37414977e-07])
```

从上面的结果可以得到特征方程 $\det(\boldsymbol{R}-\lambda\boldsymbol{E})=0$ 有 15 个特征根、对应的 15 个单位特征向量以及各个成分各自的方差百分比（也叫贡献率）。其中方差百分比越大说明向量的权重越大。

当选取前 5 个主成分时，累计方差百分比已达到 94%，说明选取前 5 个主成分进行计算即可。因此可以重新建立 PCA 模型，设置 n_components = 5，计算成分结果，如代码 5-6 所示。

代码 5-6　计算成分结果

```
pca = PCA(3)
pca.fit(data)
low_d = pca.transform(data)    # 用它来降低维度
pd.DataFrame(low_d).to_excel(outputfile)    # 保存结果
pca.inverse_transform(low_d)    # 必要时可以用 inverse_transform 函数来复原数据
```

运行代码 5-6 得到的结果如下。

```
array([[-2.67133275,  5.34549486,  3.52685909, -0.7484172 ,  0.08966099],
       [-4.7953174 ,  7.26849089,  1.55084215, -0.7604125 ,  0.22285173],
       [-5.54778723,  6.86928931, -1.68017273,  0.62112767, -0.3506467 ],
       ...
       [-4.11204614, -4.44671993, -2.65221376,  1.47776447, -0.69233782],
       [-5.06696598, -4.64837711, -1.76667298,  0.49374313, -0.09165435],
       [-4.95899712, -4.78754036, -0.34667053, -0.49638691,  0.30538179]])
```

原始数据从 15 维被降维到了 5 维，同时这 5 维数据占了原始数据 94%以上的信息。

5.5　数据合并

数据合并作为数据预处理中的重要组成部分，主要包括多表合并和分组聚合数据两部分内容。

5.5.1　多表合并

多表合并是指通过堆叠合并、主键合并、重叠合并等多种合并方式，将关联的数据合并在一个表中。

1. 堆叠合并

堆叠就是简单地将两个表拼接在一起，也被称作轴向连接、绑定或连接。依照连接轴的方向，堆叠可分为横向堆叠和纵向堆叠。

（1）横向堆叠

横向堆叠，即将两个表在 x 轴方向上拼接在一起，可以使用 pandas 库的 concat 函数实现。concat 函数的基本使用格式如下。

```
pandas.concat(objs, axis=0, join='outer', join_axes=None, ignore_index=False,
keys=None, levels=None, names=None, verify_integrity=False, copy=True)
```

concat 函数常用的参数及其说明如表 5-12 所示。

表 5-12　concat 函数常用的参数及其说明

参数名称	参数说明
objs	接收多个 Series、DataFrame、Panel 的组合。表示参与连接的 pandas 对象的列表的组合。无默认值
axis	接收 0 或 1。表示连接的轴向。默认为 0
join	接收 inner 或 outer。表示其他轴向上的索引是按内连接（inner）还是按外连接（outer）进行合并。默认为 outer
join_axes	接收 Index（索引）对象。表示用于其他 $n-1$ 条轴的索引，不执行并集/交集运算。默认为 None
ignore_index	接收 bool。表示是否不保留连接轴中的索引，产生一组新索引 range(total_length)。默认为 False
keys	接收 sequence。表示与连接对象有关的值，用于形成连接轴的层次化索引。默认为 None
levels	接收包含多个 sequence 的 list。表示在指定 keys 参数后，指定用作层次化索引各级别上的索引。默认为 None
names	接收 list。表示在设置了 keys 和 levels 参数后，用于创建分层级别的名称。默认为 None
verify_integrity	接收 bool。检查新连接的轴是否包含重复项。如果发现重复项，那么将会引发异常。默认为 False

当 axis=1 的时候，concat 函数进行行对齐，然后将不同列名称的两个或多个表合并。当两个表索引不完全一样时，可以使用 join 参数选择采用内连接还是外连接。在内连接的情况下，仅仅返回索引重叠部分；在外连接的情况下，则显示索引的并集部分数据，不足的地方则使用空值填补，其示例如图 5-4 所示。

合并后的表3

	A	B	C	D	B	D	F
1	A1	B1	C1	D1	NaN	NaN	NaN
2	A2	B2	C2	D2	B2	D2	F2
3	A3	B3	C3	D3	NaN	NaN	NaN
4	A4	B4	C4	D4	B4	D4	F4
6	NaN	NaN	NaN	NaN	B6	D6	F6
8	NaN	NaN	NaN	NaN	B8	D8	F8

表1

	A	B	C	D
1	A1	B1	C1	D1
2	A2	B2	C2	D2
3	A3	B3	C3	D3
4	A4	B4	C4	D4

表2

	B	D	F
2	B2	D2	F2
4	B4	D4	F4
6	B6	D6	F6
8	B8	D8	F8

图 5-4　横向堆叠的外连接示例

当两个表索引完全一样时，不论 join 参数的取值是 inner 还是 outer，结果都是将两个表完全按照 x 轴拼接起来。下面以二手车交易数据为例，基于这份数据将索引完全相同的两个表进行横向堆叠，如代码 5-7 所示，横向堆叠前后的数据表形状如表 5-13 所示。

代码 5-7　索引完全相同时的横向堆叠

```
import numpy as np
import pandas as pd
data = pd.read_csv('../data/used_car_data.csv', sep=' ')
df1 = data.iloc[:4, :5]  # 取出 data 的前 4 行前 5 列的数据
df2 = data.iloc[:4, 5:]  # 取出 data 的前 4 行后 5 列的数据
print('df1 的大小为%s，df2 的大小为%s。'%(df1.shape, df2.shape))
print('外连接横向堆叠合并后的表大小为：', pd.concat([df1, df2],
        axis=1, join='outer').shape)
print('内连接横向堆叠合并后的表大小为：', pd.concat([df1, df2],
        axis=1, join='inner').shape)
```

表 5-13　横向堆叠前后的数据表形状

数据表	行数	列数
df1 表	4	5
df2 表	4	26
外连接横向堆叠合并后的表	4	31
内连接横向堆叠合并后的表	4	31

（2）纵向堆叠

对比横向堆叠，纵向堆叠是将两个表在 y 轴方向上拼接在一起。concat 函数和 append() 方法两者都可以实现纵向堆叠。

使用 concat 函数时，在默认情况下，即 axis=0 时，concat 函数进行列对齐，将不同行

索引的两个或多个表纵向合并。在两个表的列名不完全相同的情况下，可以使用join参数：取值为 inner 时，返回的仅仅是列名的交集所代表的列；取值为 outer 时，返回的是列名的并集所代表的列。纵向堆叠外连接示例如图 5-5 所示。

图 5-5　纵向堆叠的外连接示例

不论 join 参数的取值是 inner 还是 outer，结果都是将两个表完全按照 y 轴拼接起来。下面以索引不相同的两个表为例，对数据进行纵向堆叠，如代码 5-8 所示，纵向堆叠前后的数据表形状如表 5-14 所示。

代码 5-8　索引不相同时的纵向堆叠

```
df3 = data.iloc[:10, :]  # 取出 data 前 10 行的数据
df4 = data.iloc[10:, :]  # 取出 data 第 10 行后的数据
print('df3 的大小为%s, df4 的大小为%s。'%(df3.shape, df4.shape))
print('内连接纵向堆叠合并后的表大小为: ', pd.concat([df3, df4],
        axis=1, join='outer').shape)
print('外连接纵向堆叠合并后的表大小为: ', pd.concat([df3, df4],
        axis=1, join='inner').shape)
```

表 5-14　纵向堆叠前后的数据表形状

数据表	行数	列数
df3 表	10	31
df4 表	149990	31
内连接纵向堆叠合并后的表	150000	62
外连接纵向堆叠合并后的表	0	62

除了 concat 函数外，pandas 库的 append()方法也可以实现纵向堆叠。但是使用 append()方法实现纵向堆叠有一个前提条件，那就是两个表的列名需要完全一致。append()方法的基本使用格式如下。

```
pandas.DataFrame.append(other, ignore_index=False, verify_integrity= False)
```

append()方法常用的参数及其说明如表 5-15 所示。

表 5-15　append()方法常用的参数及其说明

参数名称	参数说明
other	接收 DataFrame 或 Series。表示要添加的新数据。无默认值
ignore_index	接收 bool。如果输入 True，就会对新生成的 DataFrame 使用新的索引（自动产生），而忽略原来数据的索引。默认为 False
verify_integrity	接收 bool。如果输入 True，那么当 ignore_index 为 False 时，会检查添加的数据索引是否冲突，如果冲突，那么添加会失败。默认为 False

下面以索引不相同的两个表为例，对数据使用 append()方法进行纵向堆叠，如代码 5-9 所示，纵向堆叠前后的数据表形状如表 5-16 所示。

代码 5-9　使用 append()方法进行纵向堆叠

```
print('堆叠前 df3 的大小为%s，df4 的大小为%s。'%(df3.shape, df4.shape))
print('使用 append()方法纵向堆叠合并后的表大小为：', df3.append(df4).shape)
```

表 5-16　使用 append()方法进行纵向堆叠前后的数据表形状

数据表	行数	列数
df3 表	10	31
df4 表	149990	31
使用 append()方法纵向堆叠合并后的表	150000	31

2. 主键合并

主键合并，即通过一个或多个键将两个数据集的行连接起来，类似于 SQL 中的 join。针对两个包含不同字段的表，将其根据某几个字段一一对应拼接起来，结果集的列数为两个原数据集的列数和减去连接键的数量，如图 5-6 所示。

左表1

	A	B	Key
1	A1	B1	K1
2	A2	B2	K2
3	A3	B3	K3
4	A4	B4	K4

左表2

	C	D	Key
1	C1	D1	K1
2	C2	D2	K2
3	C3	D3	K3
4	C4	D4	K4

合并后的表3

	A	B	Key	C	D
1	A1	B1	K1	C1	D1
2	A2	B2	K2	C2	D2
3	A3	B3	K3	C3	D3
4	A4	B4	K4	C4	D4

图 5-6　主键合并示例

pandas 库中的 merge 函数和 join()方法都可以实现主键合并，但两者的实现方式并不相同。merge 函数的基本使用格式如下。

```
pandas.merge(left, right, how='inner', on=None, left_on=None, right_on=None,
left_index=False, right_index=False, sort=False, suffixes=('_x', '_y'),
copy=True, indicator=False)
```

和 SQL 中的 join 一样，merge 函数也有左连接（left）、右连接（right）、内连接（inner）和外连接（outer）。但比起 SQL 中的 join，merge 函数还有其独到之处，如可以在合并过程中对数据集中的数据进行排序等。根据 merge 函数中的参数说明，并按照需求修改相关参数，即可以多种方法实现主键合并。merge 函数常用的参数及其说明如表 5-17 所示。

表 5-17　merge 函数常用的参数及其说明

参数名称	参数说明
left	接收 DataFrame 或 Series。表示要添加的新数据 1。无默认值
right	接收 DataFrame 或 Series。表示要添加的新数据 2。无默认值
how	接收 inner、outer、left、right。表示数据的连接方式。默认为 inner
on	接收 str 或 sequence。表示两个数据合并的主键（必须一致）。默认为 None
left_on	接收 str 或 sequence。表示 left 参数接收数据用于合并的主键。默认为 None
right_on	接收 str 或 sequence。表示 right 参数接收数据用于合并的主键。默认为 None
left_index	接收 bool。表示是否将 left 参数接收数据的 index 作为连接主键。默认为 False
right_index	接收 bool。表示是否将 right 参数接收数据的 index 作为连接主键。默认为 False
sort	接收 bool。表示是否根据连接键对合并后的数据进行排序。默认为 False
suffixes	接收 tuple。表示用于追加到 left 和 right 参数接收数据列名相同时的后缀。默认为('_x', '_y')

下面以司机表（car_driver）和用户表（car_user）为例，对数据使用 merge 函数进行主键合并，如代码 5-10 所示，主键合并前后的数据表形状如表 5-18 所示。

代码 5-10　使用 merge 函数进行主键合并

```
import pandas as pd
# 参数初始化
driver = pd.read_excel('../data/car_driver.xlsx')  # 读取司机表
user = pd.read_excel('../data/car_user.xlsx')  # 读取用户表

# 将订单号和订单编号转换为字符串格式，为合并做准备
driver['订单号'] = driver['订单号'].astype('str')
user['订单编号'] = user['订单编号'].astype('str')
# 在司机表中为订单号，在用户表中为订单编号
order = pd.merge(driver, user, left_on='订单号', right_on='订单编号')
```

Python 数据分析基础与案例实战

```
print('司机表的原始形状为: ', driver.shape)
print('用户表的原始形状为: ', user.shape)
print('主键合并后的表形状为: ', order.shape)
```

表 5-18　使用 merge 函数进行主键合并前后的数据表形状

数据表	行数	列数
司机表	14	9
用户表	6	8
主键合并后的表	5	17

通过 merge 函数对司机表和用户表进行数据合并的时候分别指定表中的订单号、订单编号作为键，然后通过键匹配到其中要合并在一起的值。主键合并后的表的行数变少，是因为两个表中的订单号和订单编号具有相同的值。

除了使用 merge 函数以外，join()方法也可以实现部分主键合并的功能。但是使用 join()方法时，两个主键的名字必须相同，其基本使用格式如下。

```
pandas.DataFrame.join(other, on=None, how='left', lsuffix='', rsuffix='',
sort=False)
```

join()方法常用的参数及其说明如表 5-19 所示。

表 5-19　join()方法常用的参数及其说明

参数名称	参数说明
other	接收 DataFrame、Series 或包含多个 DataFrame 的 list。表示参与连接的其他 DataFrame。无默认值
on	接收列名或包含列名的 list 或 tuple。表示用于连接的列名。默认为 None
how	接收特定 str。取值为 inner 时代表内连接；取值为 outer 时代表外连接；取值为 left 时代表左连接；取值为 right 时代表右连接。默认为 left
lsuffix	接收 str。表示用于追加到左侧重叠列名的后缀。无默认值
rsuffix	接收 str。表示用于追加到右侧重叠列名的后缀。无默认值
sort	接收 bool。表示根据连接键对合并后的数据进行排序。默认为 False

下面以司机表和用户表为例，对数据使用 join()方法进行主键合并，如代码 5-11 所示，主键合并前后的数据表形状如表 5-20 所示。

代码 5-11　使用 join()方法进行主键合并

```
driver.rename({'订单号':'订单编号'}, inplace=True)
user['订单编号'] = user['订单编号'].astype('int')
order = user.join(user, on='订单编号', rsuffix='1')
print('司机表的原始形状为: ', driver.shape)
print('用户表的原始形状为: ', user.shape)
print('主键合并后的表形状为: ', order.shape)
```

82

表 5-20 使用 join()方法进行主键合并前后的数据表形状

数据表	行数	列数
司机表	14	9
用户表	6	8
主键合并后的表	6	16

3. 重叠合并

数据分析和处理过程中偶尔会出现两份数据的内容几乎一致的情况，但是某些属性的值在其中一个表上是完整的，而在另外一个表上则是缺失的。这时除了使用将数据一对一比较，然后进行填充的方法外，还有一种方法就是重叠合并。重叠合并在其他工具或语言中并不常见，但是 pandas 库的开发者希望 pandas 能够解决几乎所有的数据分析问题，因此提供了 combine_first()方法来实现重叠合并，其示例如图 5-7 所示。

表1

	0	1	2
0	NaN	3.0	5.0
1	NaN	4.6	NaN
2	NaN	7.0	NaN

表2

	0	1	2
1	42	NaN	8.2
2	10	7.0	4.0

合并后的表3

	0	1	2
0	NaN	3.0	5.0
1	42	4.6	8.2
2	10	7.0	4.0

图 5-7 重叠合并示例

combine_first()方法的基本使用格式如下。

```
pandas.DataFrame.combine_first(other)
```

combine_first()方法常用的参数及其说明如表 5-21 所示。

表 5-21 combine_first()方法常用的参数及其说明

参数名称	参数说明
other	接收 DataFrame。表示参与重叠合并的另一个 DataFrame。无默认值

下面新建两个 DataFrame 来实现重叠合并，如代码 5-12 所示，重叠合并后的数据如表 5-22 所示。

代码 5-12 重叠合并

```
# 建立两个字典，ID 相同
a1 = {'ID': [1, 2, 3, 4, 5, 6, 7, 8, 9],
      'System': ['win7', 'win10', np.nan, 'win10', np.nan, np.nan, 'win10',
'win7', 'win8'],
      'CPU': ['i5', 'i5', np.nan, 'i7', np.nan, np.nan, 'i5', 'i7', 'i3']}
a2 = {'ID': [1, 2, 3, 4, 5, 6, 7, 8, 9],
```

```
        'System' :['win7', np.nan, np.nan, np.nan, 'win10', 'win7', np.nan, np.nan,
np.nan],
        'CPU': ['i3', np.nan, 'i5', np.nan, 'i7', 'i5', np.nan, np.nan, np.nan]}
# 将两个字典转换为 DataFrame
df5 = pd.DataFrame(a1)
df6 = pd.DataFrame(a2)
print('重叠合并后的数据为：\n', df5.combine_first(df6))
```

表 5-22　重叠合并后的数据

Index	ID	System	CPU
0	1	win7	i5
1	2	win10	i5
2	3	NaN	i5
3	4	win10	i7
4	5	win10	i7
5	6	win7	i5
6	7	win10	i5
7	8	win7	i7
8	9	win8	i3

5.5.2　分组聚合

依据某个或某几个字段对数据集进行分组，并对各组应用一个函数，无论是聚合还是转换，都是数据分析的常用操作。pandas 提供了一个灵活、高效的 groupby()方法，配合 agg()方法或 apply()方法等，能够实现分组聚合的操作。分组聚合原理如图 5-8 所示。

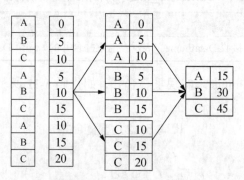

图 5-8　分组聚合原理

1. 使用 groupby()方法拆分数据

groupby()方法实现的是分组聚合步骤中的拆分功能，能够根据索引或字段对数据进行分组。其基本使用格式如下。

```
pandas.DataFrame.groupby(by=None, axis=0, level=None, as_index=True, sort=True,
group_keys=True, squeeze=False, **kwargs)
```

groupby()方法常用的参数及其说明如表 5-23 所示。

表 5-23　groupby()方法常用的参数及其说明

参数名称	参数说明
by	接收 list、str、mapping 或 generator。用于确定进行分组的依据。如果传入的是一个函数，那么对索引进行计算并分组；如果传入的是一个字典或 Series，那么使用字典或 Series 的值作为分组依据；如果传入的是一个 NumPy 数组，那么使用数据的元素作为分组依据；如果传入的是字符串或字符串列表，那么使用这些字符串所代表的字段作为分组依据。无默认值
axis	接收 int。表示操作的轴向，默认对列进行操作。默认为 0
level	接收 int 或索引名。表示标签所在级别。默认为 None
as_index	接收 bool。表示聚合后的聚合标签是否以 DataFrame 索引形式输出。默认为 True
sort	接收 bool。表示是否对分组依据、分组标签进行排序。默认为 True
group_keys	接收 bool。表示是否显示分组标签的名称。默认为 True
squeeze	接收 bool。表示是否在允许的情况下对返回数据进行降维。默认为 False

下面以自行车租赁数据为例，依据日期对数据进行分组，如代码 5-13 所示。

代码 5-13　依据日期对自行车租赁数据进行分组

```python
import pandas as pd
import numpy as np
catering_sale = './data/自行车租赁数据.csv'  # 自行车租赁数据
data = pd.read_csv(catering_sale, engine='python')
data.timestamp.str[:8]
data['day'] = data.timestamp.str[:8]
dayGroup = data[['cnt_number','temperature','day']].groupby(by='day')
print('分组后的自行车租赁数据详情表为:', dayGroup)
```

在代码 5-13 中，分组后的结果并不能直接查看，而是被保存在内存中，输出的是内存地址。实际上，分组后的数据对象 GroupBy 类似于 Series 与 DataFrame，是 pandas 提供的一种对象。GroupBy 对象常用的描述性统计方法及其说明如表 5-24 所示。

表 5-24　GroupBy 对象常用的描述性统计方法及其说明

方法名称	说明	方法名称	说明
count	计算分组的数目，包括缺失值	cumcount	对每个分组中的组员进行标记，标号为 0～$n-1$，n 为组员个数

方法名称	说明	方法名称	说明
head	返回每组的前 n 个值	size	返回每组的大小
max	返回每组的最大值	min	返回每组的最小值
mean	返回每组的均值	std	返回每组的标准差
median	返回每组的中位数	sum	返回每组的和

　　表 5-24 所示的这些方法为查看每一组数据的整体情况、分布状态提供了良好的支持。基于自行车租赁数据，求分组后每一组的均值、标准差、大小，如代码 5-14 所示，得到分组后前 5 组每组的均值、标准差、大小的结果分别如表 5-25、表 5-26、表 5-27 所示。

代码 5-14　求均值、标准差、大小

```
print('分组后前 5 组每组的均值为：\n',
      dayGroup.mean(). head())
print('分组后前 5 组每组的标准差为：\n',
      dayGroup.std().head())
print('分组后前 5 组每组的大小为：', '\n',
      dayGroup.size().head())
```

表 5-25　分组后前 5 组每组的均值

day	cnt_number/辆	temperature/℃
2015/1/1	818.225806	8.554839
2015/1/4	384.750000	2.500000
2015/1/5	848.833333	8.041667
2015/1/6	858.875000	7.854167
2015/1/7	915.826087	7.456522

表 5-26　分组后前 5 组每组的标准差

day	cnt_number	temperature
2015/1/1	836.431975	2.680235
2015/1/4	322.478344	0.738549
2015/1/5	873.467187	1.910592
2015/1/6	946.142434	1.766101
2015/1/7	957.369913	2.553576

表 5-27　分组后前 5 组每组的大小

day	cnt_number/辆
2015/1/1	155
2015/1/4	24
2015/1/5	24
2015/1/6	24
2015/1/7	23

2. 使用 agg()方法聚合数据

agg()方法和 aggregate()方法都支持对每个分组应用某函数，包括 Python 内置函数或自定义函数。同时，这两个方法也能够直接对 DataFrame 对象进行函数应用操作。但是值得注意的一点是，agg()方法能够对 DataFrame 对象进行操作是从 pandas 0.20 开始的，在之前的版本中，agg()方法并无此功能。针对 DataFrame 对象的 agg()方法与 aggregate()方法的基本使用格式如下。

```
pandas.DataFrame.agg(func, axis=0, *args, **kwargs)
pandas.DataFrame.aggregate(func, axis=0, *args, **kwargs)
```

agg()方法和 aggregate()方法常用的参数及其说明如表 5-28 所示。

表 5-28　agg()方法和 aggregate()方法常用的参数及其说明

参数名称	参数说明
func	接收 list、dict、function。表示应用于每行或每列的函数。无默认值
axis	接收 0 或 1。代表操作的轴向。默认为 0

在正常使用过程中，agg()方法和 aggregate()方法对 DataFrame 对象进行操作时的功能几乎完全相同，因此只需要掌握其中一个。下面以自行车租赁数据为例，对当前数据使用 agg()方法求出租赁数量（cnt_number）的和与均值，如代码 5-15 所示，得到租赁次数的和与均值如表 5-29 所示。

代码 5-15　使用 agg()方法求出租赁数量的和与均值

```
print('租赁数量的和与均值为：\n',
    data[['cnt_number']].agg([np.sum, np.mean]))
```

表 5-29　租赁数量的和与均值

属性	sum	mean
cnt_number/辆	235813.000000	791.318792

在代码 5-15 中，使用求和与求均值的函数求出 cnt_number 字段的和与均值。但在某些时候，对于某个字段希望只求均值，而对于另一个字段则希望只求和。以自行车租赁

Python 数据分析基础与案例实战

数据为例，对数据仅计算租赁数量的总和与气温的均值，此时需要使用字典的方式，将两个字段名分别作为键，然后将 NumPy 库的求和与求均值的函数分别作为值，如代码 5-16 所示。

代码 5-16　使用 agg()方法分别求字段的不同统计量

```
print('租赁数量的总和与气温的均值为: \n',
    data.agg({'cnt_number': np.sum, 'temperature': np.mean}))
```

运行代码 5-16 所得到的结果是：租赁数量的总和为 235813.0000，气温的均值为 8.3367。

在某些时候还希望求某个字段的多个统计量，对某些字段则只需要求一个统计量，此时只需要将字典对应键的值转换为列表，将列表元素转换为多个目标的统计量。下面以自行车租赁数据为例，对数据使用 agg()方法求不同字段的不同数目统计量，如代码 5-17 所示，得到气温均值与租赁数量的均值与总和如表 5-30 所示。

代码 5-17　使用 agg()方法求不同字段的不同数目统计量

```
print('气温均值与租赁数量的总和与均值为: \n',
    data.agg({'temperature': np.mean, 'cnt_number': [np.mean, np.sum]}))
```

表 5-30　气温均值与租赁数量的均值与总和

属性	mean	sum
Temperature/℃	8.3367	NaN
cnt_number/辆	791.318792	235813.000000

不论是代码 5-15、代码 5-16，还是代码 5-17，使用的都是 NumPy 库的统计函数。以自行车租赁数据为例，可在 agg()方法中，通过传入用户自定义的函数来求租赁数量两倍总和，如代码 5-18 所示。

代码 5-18　在 agg()方法中使用自定义函数

```
# 自定义函数，用于求两倍的和
def DoubleSum(data):
    s = data.sum() * 2
    return s
print('租赁数量两倍总和为: ', '\n',
    data.agg({'cnt_number': DoubleSum}, axis=0))
```

运行代码 5-18 所得的结果是：租赁数量两倍总和为 471626。此处使用的是自定义函数。需要注意的是，NumPy 库中的 mean、median、prod、sum、std 和 var 函数能够在 agg()中直接使用，但是在自定义函数中使用 NumPy 库中的这些函数时，若计算的时候是单个序列，则无法得出想要的结果，若是多列数据同时计算，则不会出现这种问题。以自行车租赁数据为例，可在 agg()方法中，对数据使用含 NumPy 中的函数的自定义函数求租赁数量两倍总和，如代码 5-19 所示，得到的结果如表 5-31、表 5-32 所示。

代码 5-19 在 agg()方法中使用含 NumPy 中的函数的自定义函数

```
# 自定义函数，用于计算求和后的两倍
def DoubleSum1(data):
    s = np.sum(data) * 2
    return s
print('租赁数量总和的两倍为：\n',
    data.agg({'cnt_number': DoubleSum1}, axis=0).head())
print('租赁数量与风速分别求和后的两倍为：\n',
    data[['cnt_number', 'wind_speed']].agg(DoubleSum1))
```

表 5-31 租赁数量总和的两倍

序号	cnt_number/辆
0	364
1	276
2	268
3	144
4	94

表 5-32 租赁数量与风速分别求和后的两倍

数据	cnt_number/辆	wind_speed/（km/h）
自行车租赁数据	471626.0	13500.0

简单地对所有字段使用相同的描述性统计的方法在表 5-24 中已经列出。以自行车租赁数据为例，使用 agg()方法也能够实现对每一个字段的每一组的数据使用相同的函数，如代码 5-20 所示，得到分组后前 3 组每组的均值、标准差分别如表 5-33、表 5-34 所示。

代码 5-20 使用 agg()方法做简单的聚合

```
print('分组后前 3 组每组的均值为：\n',
    dayGroup.agg(np.mean).head(3))
print('分组后前 3 组每组的标准差为：\n',
    dayGroup.agg(np.std).head(3))
```

表 5-33 分组后前 3 组每组的均值

day	cnt_number/辆	temperature/℃
2015/1/1	818.225806	8.554839
2015/1/4	384.750000	2.500000
2015/1/5	848.833333	8.041667

表 5-34　分组后前 3 组每组的标准差

day	cnt_number/辆	temperature/℃
2015/1/1	836.431975	2.680235
2015/1/4	322.478344	0.738549
2015/1/5	873.467187	1.910592

　　若需要对不同的字段应用不同的函数，则与 DataFrame 中使用 agg()方法的操作相同。以自行车租赁数据为例，对分组后的自行车租赁数据求每天租赁数量的总数以及气温的均值，如代码 5-21 所示，得到前 3 组每组租赁数量总数和气温均值如表 5-35 所示。

代码 5-21　使用 agg()方法对分组数据使用不同的聚合函数

```
print('分组后前 3 组每组租赁数量总数和气温均值为：\n',
      dayGroup.agg({'cnt_number': np.sum,
'temperature':np.mean}).head(3))
```

表 5-35　分组后前 3 组每组租赁次数总数和气温均值

day	cnt_number/辆	temperature/℃
2015/1/1	126825	8.554839
2015/1/4	9234	2.500000
2015/1/5	20372	8.041667

3. 使用 apply()方法聚合数据

　　apply()方法类似于 agg()方法，能够将函数应用于每一列。不同之处在于，apply()方法传入的函数只能够作用于整个 DataFrame 或 Series，而无法像 agg()方法一样能够对不同字段应用不同函数来获取不同结果。apply()方法的基本使用格式如下。

```
pandas.DataFrame.apply(func, axis=0, broadcast=False, raw=False, reduce=None,
args=(), **kwds)
```

　　apply()方法常用的参数及其说明如表 5-36 所示。

表 5-36　apply()方法常用的参数及其说明

参数名称	参数说明
func	接收 function。表示应用于每行或每列的函数。无默认值
axis	接收 0 或 1。表示操作的轴向。默认为 0
broadcast	接收 bool。表示是否进行广播。默认为 False
raw	接收 bool。表示是否直接将 ndarray 对象传递给函数。默认为 False
reduce	接收 bool 或 None。表示返回值的格式。默认为 None

　　apply()方法的使用方式和 agg()方法相同。下面以自行车租赁数据为例，对数据使用

pandas 库的 apply()方法求租赁数量与气温的均值，如代码 5-22 所示。

代码 5-22　apply()方法的使用

```
print('租赁数量与气温的均值为：\n',
    data[['cnt_number', 'temperature']].apply(np.mean))
```

运行代码 5-22 所得的结果是：租赁数量的均值为 791.318792，气温的均值为 8.336700。

使用 apply()方法对 GroupBy 对象进行聚合操作的方法和 agg()方法类似，只是使用 agg()方法能够实现对不同的字段应用不同的函数，而 apply()方法则不行。下面以自行车租赁数据为例，对数据使用 apply()方法进行聚合，如代码 5-23 所示，得到分组后前 3 组每组的均值、标准差如表 5-37、表 5-38 所示。

代码 5-23　使用 apply()方法进行聚合

```
print('分组后前 3 组每组的均值为：', '\n',
    dayGroup.apply(np.mean).head(3))
print('分组后前 3 组每组的标准差为：', '\n',
    dayGroup.apply(np.std).head(3))
```

表 5-37　分组后前 3 组每组的均值

day	cnt_number/辆	temperature/℃
2015/1/1	818.225806	8.554839
2015/1/4	384.750000	2.500000
2015/1/5	848.833333	8.041667

表 5-38　分组后前 3 组每组的标准差

day	cnt_number/辆	temperature/℃
2015/1/1	833.729441	2.671575
2015/1/4	315.688566	0.722315
2015/1/5	855.076345	1.870365

4. 使用 transform()方法聚合数据

transform()方法能够对整个 DataFrame 的所有元素进行操作。transform()方法只有一个参数 func，表示对 DataFrame 操作的函数。下面以自行车租赁数据为例，对租赁数量和气温使用 pandas 库的 transform()方法进行翻倍，如代码 5-24 所示，得到的结果如表 5-39 所示。

代码 5-24　使用 transform()方法将租赁数量和气温翻倍

```
print('租赁数量与气温的两倍为：\n',
    data[['cnt_number', 'temperature']].transform(lambda x: x * 2).head(4))
```

表 5-39　租赁数量与气温的两倍

序号	cnt_number/辆	temperature/℃
0	364	6.0
1	276	6.0
2	268	5.0
3	144	4.0

小结

本章着重介绍了数据预处理的基本流程：数据清洗、数据变换、属性构造、属性规约、数据合并。其中数据清洗包括对缺失值和异常值的处理；数据变换主要是对数据进行函数变换、数据标准化和数据离散化；属性处理包括属性构造和属性规约两种方法；数据合并主要包括多表合并和分组聚合数据两种方法。

课后习题

1．选择题

（1）以下哪个不是缺失值的处理方法？（　　　）

A．删除记录　　　　　　　　　　B．随意填充

C．拉格朗日插值法　　　　　　　D．牛顿插值法

（2）对量纲差异较大的数据的处理方法是（　　　）。

A．数据清洗　　　B．数据标准化　　　C．属性规约　　　　D．属性构造

（3）以下不属于多表合并方法的是（　　　）。

A．附件合并　　　B．重叠合并　　　C．主键合并　　　　D．堆叠合并

（4）以下说法错误的是（　　　）。

A．等宽法将相同数量的记录放进每个区间

B．可以通过聚类分析将数据离散化

C．独热编码不是处理类型数据的唯一有效的方法

D．将类型数据默认为连续数据进行建模会影响模型效果

（5）grouby()方法中表示操作轴向的参数名称是（　　　）。

A．by　　　　　　B．axis　　　　　C．level　　　　　D．sort

2．操作题

用 def 自定义函数实现最小-最大标准化、零-均值标准化、小数定标标准化。表 5-40 所示为航空公司数据部分字段说明。

表 5-40　航空公司数据部分字段说明

字段名称	字段说明
MEMBER_NO	会员卡号
FFP_DATE	入会时间
LAST_TO_END	最后一次乘机时间至观测窗口结束时间
SUM_YR_1	第一年观测窗口的票价收入
SUM_YR_2	第二年观测窗口的票价收入
avg_discount	平均折扣率
SEG_KM_SUM	观测窗口的总飞行距离
LOAD_TIME	观测窗口的结束时间
FLIGHT_COUNT	观测窗口内的飞行次数

经观察发现，数据中存在缺失值等异常数据，需要对数据进行数据预处理，具体操作步骤如下。

（1）查看数据重复值情况；若有重复值，则做删除处理。

（2）查看数据缺失值情况；若有缺失值，则删除数据缺失的记录。

（3）按数据类型将数据拆分为离散型数据、连续型数据和时间类型的数据。

（4）将处理后的拆分数据进行合并。

第 **6** 章 构建模型

经过数据探索与数据预处理，得到了可以直接建模的数据。根据挖掘目标和数据形式建模方法可分为分类与回归、聚类、时间序列模型等，可帮助企业提取数据中蕴含的商业价值，提高企业的竞争力，加快建设制造强国、质量强国、航天强国、交通强国、网络强国、数字中国。本章介绍构建分类与回归模型、聚类模型以及时间序列模型的方法。

学习目标

（1）熟悉常用的分类与回归算法的原理、评价方法以及实现方法。
（2）熟悉常用的聚类算法的原理、评价方法以及实现方法。
（3）熟悉常用的时间序列模型算法的原理和实现方法。

6.1 构建分类与回归模型

分类和回归是预测问题的两种主要类型，分类主要是预测分类类别（离散属性），而回归主要是建立连续值函数模型，预测给定自变量对应的因变量的值。

分类算法用于构造一个分类模型，模型的输入为样本的属性值，输出为对应的类别，将每个样本映射到预先定义好的类别。回归算法用于建立两种或两种以上变量间相互依赖的函数模型，然后使用函数模型预测目标的值。

分类和回归模型的实现过程类似，以分类模型为例，其实现步骤如图 6-1 所示。

分类模型的具体实现步骤分为两步：第一步是训练步，通过归纳、分析训练集来建立分类模型，得到分类规则；第二步是预测步，先用已知的测试集评估分类模型的准确率，如果准确率是

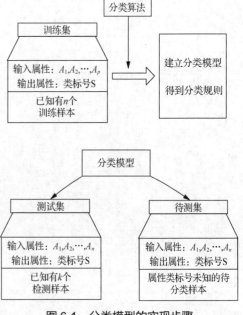

图 6-1 分类模型的实现步骤

可以接受的，则使用该模型对未知类标号的验证集进行预测。

回归模型的实现步骤也有两步，类似于分类模型，第一步是通过训练集建立数值型的预测属性的函数模型，第二步是在模型通过检验后进行预测或控制。

常用的分类与回归算法如表 6-1 所示。

表 6-1　常用的分类与回归算法

算法名称	算法描述
回归分析	回归分析是确定预测属性（数值型）与其他变量间相互依赖的定量关系常用的统计学方法，包括线性回归、非线性回归、逻辑（Logistic）回归、岭回归、主成分回归、偏最小二乘回归等模型
决策树	决策树采用自顶向下的递归方式，在内部节点进行属性值的比较，并根据不同的属性值从该节点向下分支，最终得到的叶节点是学习划分的类
朴素贝叶斯	朴素贝叶斯是一种判别分析模型，判别分析模型利用已知类别的、含若干样本的数据信息，对客观事物分类的规律性进行总结，从而建立判别公式和判别准则的一种统计方法。除朴素贝叶斯外还包括线性判别分析、K 最近邻（KNN）等模型
支持向量机	支持向量机是一种通过某种非线性映射，将低维的非线性可分转化为高维的线性可分，在高维空间进行线性分析的算法
人工神经网络	人工神经网络是一种模仿大脑神经网络结构和功能而建立的信息处理系统，是表示神经网络的输入与输出变量之间关系的模型
集成学习	集成学习使用多种算法的组合进行预测，其比单一分类器具有更高的准确率和鲁棒性，通常分为 Bagging（聚合）、Boosting（提升）和 Stacking（堆叠）3 种模式

6.1.1　了解回归分析

回归分析是通过建立模型来研究变量之间相互关系的密切程度、结构状态及进行模型预测的一种有效工具，在工商管理、经济、社会、医学和生物学等领域应用十分广泛。从 19 世纪初高斯提出最小二乘估计法起，回归分析的历史已有 200 多年。从经典的回归分析方法到近代的回归分析方法，按照研究方法划分，回归分析研究的范围大致如图 6-2 所示。

在数据挖掘环境下，自变量与因变量具有相关关系，自变量的值是已知的，因变量的值是要预测的。

常用的回归模型如表 6-2 所示。

- 回归分析
  - 线性回归
    - 一元线性回归
    - 多元线性回归
    - 多个因变量与多个自变量的回归
  - 回归诊断
    - 如何从数据推断回归模型基本假设的合理性
    - 基本假设不成立时如何对数据进行修正
    - 判断回归方程拟合的效果
    - 选择回归函数的形式
  - 回归变量选择
    - 自变量选择的标准
    - 逐步回归分析法
  - 参数估计方法改进
    - 偏最小二乘回归
    - 岭回归
    - 主成分回归
  - 非线性回归
    - 一元非线性回归
    - 分段回归
    - 多元非线性回归
  - 含有定性变量的回归
    - 自变量含有定性变量的情况
    - 因变量含有定性变量的情况

图 6-2　回归分析研究的范围

表 6-2　常用的回归模型

回归模型名称	适用条件	描述
线性回归	因变量与自变量是线性关系	对一个或多个自变量和因变量之间的线性关系进行建模，可用最小二乘法求解模型系数
非线性回归	因变量与自变量之间不都是线性关系	对一个或多个自变量和因变量之间的非线性关系进行建模。如果非线性关系可以通过简单的函数变换转化成线性关系，则用线性回归的思想求解；如果不能转化，则用非线性最小二乘法求解
逻辑回归	一般因变量有 1、0（是、否）两种取值	是广义线性回归模型的特例，利用 Logistic 函数将因变量的取值范围控制在 0～1，表示取值为 1 的概率
岭回归	参与建模的自变量之间具有多重共线性	是一种改进最小二乘回归的方法
主成分回归	参与建模的自变量之间具有多重共线性	主成分回归是根据主成分分析的思想提出来的，是对最小二乘法的一种改进，它是参数估计的一种有偏估计，可以消除自变量之间的多重共线性

线性回归模型是相对简单的回归模型，但是当因变量和自变量之间呈现某种曲线关系时，就需要建立非线性回归模型。

逻辑回归属于概率型非线性回归，分为二分类和多分类的逻辑回归模型。对于二分类的逻辑回归，因变量 y 只有"是、否"两个取值，记为 1 和 0。假设在自变量 $x_1,x_2,\cdots,x_p$ 作用下，y 取"是"的概率是 p，则取"否"的概率是 $1-p$，二分类的逻辑回归研究的是当 y 取"是"的概率 p 与自变量 $x_1,x_2,\cdots,x_p$ 的关系。

当自变量之间出现多重共线性时，用最小二乘回归估计的回归系数可能会不准确，消除多重共线性的参数改进的估计方法主要有岭回归和主成分回归。

下面就对常用的二分类逻辑回归模型的原理进行介绍。

1. 逻辑回归模型

公式 $f(\boldsymbol{x})=\boldsymbol{\omega}^{\mathrm{T}}\boldsymbol{x}+b$ 为线性回归的一般形式，它给出了自变量 $\boldsymbol{x}$ 与因变量 y 成线性关系时的函数关系。但是，现实场景中更多的情况下 $\boldsymbol{x}$ 不是与 y 成线性关系，而是与 y 的某个函数成线性关系，此时需要引入广义线性回归模型。

需要注意的是，逻辑回归虽然称作"回归"，但实际上是一种分类算法。具体的分类方法：设定一个分类阈值，将预测结果 y 大于分类阈值的样本归为正类，反之归为反类。

逻辑回归模型 $h(y)$ 如式（6-1）所示。

$$h(y) = \ln\frac{y}{1-y} = \boldsymbol{\omega}^{\mathrm{T}}\boldsymbol{x}+b \qquad (6\text{-}1)$$

其中 $\ln\dfrac{y}{1-y}$ 的取值范围是 $(-\infty,+\infty)$，$\boldsymbol{\omega}^{\mathrm{T}}$ 表示回归系数的集合，其中回归系数 w_i 表示属性 x_i 在预测目标变量时的重要性，b 为常数。

2. 逻辑回归模型解释

式（6-1）经过变形，转为标准逻辑回归形式，如式（6-2）所示。

$$y = \frac{1}{1+\mathrm{e}^{-(\boldsymbol{\omega}^{\mathrm{T}}\boldsymbol{x}+b)}} \qquad (6\text{-}2)$$

3. 逻辑回归模型的建模步骤

逻辑回归模型的建模步骤如图 6-3 所示，具体步骤如下。

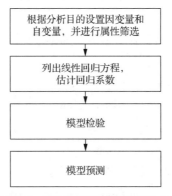

图 6-3　逻辑回归模型的建模步骤

（1）根据分析目的设置因变量和自变量，然后收集数据，根据收集到的数据，再次进行属性筛选。

（2）y 取 1 的概率是 $y = P(y = 1 | X)$，则取 0 的概率是 $1 - y$。根据自变量列出线性回归方程，估计出模型中的回归系数。

（3）模型检验。模型有效性的检验指标有很多，最基本的有准确率，其次有混淆矩阵、ROC 曲线、KS 值等。

（4）模型预测。输入自变量的取值，就可以得到预测变量的值。

使用 scikit-learn 库中 linear_model 模块的 LogisticRegression 类可以建立逻辑回归模型，其语法格式如下。

```
class sklearn.linear_model.LogisticRegression(penalty = 'l2', dual = False,
tol = 0.0001, C = 1.0, fit_intercept = True, intercept_scaling = 1, class_weight =
None, random_state = None, solver = 'liblinear', max_iter = 100, multi_class = 'ovr',
verbose = 0, warm_start = False, n_jobs = 1)
```

LogisticRegression 类常用的参数及其说明如表 6-3 所示。

表 6-3　LogisticRegression 类常用的参数及其说明

参数名称	参数说明
penalty	接收 str。表示正则化选择参数，可选 l1 或 l2。默认为 l2
solver	接收 str。表示优化算法选择参数，可选 newton-cg、lbfg、liblinear、sag，当 penalty='l2' 时，4 种都可选；当 penalty='l1'时，只能选 liblinear。默认为 liblinear
multi_class	接收 str。表示分类方式选择参数，可选 ovr 和 multinomial。默认为 ovr
class_weight	接收 balanced 以及字典。表示类型权重参数，如对于因变量取值为 0 或 1 的二元模型，可以定义 class_weight={0:0.9, 1:0.1}，这样类型 0 的权重为 90%，而类型 1 的权重为 10%。默认为 None
n_jobs	接收 int。表示运行的并行作业数。默认为 1

下面基于 scikit-learn 中自带的 Iris 数据集，使用 LogisticRegression 类构建逻辑回归模型，如代码 6-1 所示。

代码 6-1　构建逻辑回归模型

```
import numpy as np
from sklearn import datasets
from sklearn.linear_model import LogisticRegression
from sklearn import preprocessing
from sklearn.preprocessing import StandardScaler, LabelEncoder, OneHotEncoder
from sklearn.pipeline import Pipeline
from sklearn.model_selection import train_test_split
```

```
lris = datasets.load_iris()
x = lris.data
y = lris.target
# 文本编码
label_encode = LabelEncoder()
y = label_encode.fit_transform(y)
x_train, x_test, y_train, y_test = train_test_split(x, y, test_size=0.2,
random_state=42)
# 使用生产线
lr = Pipeline([('sc', StandardScaler()), ('clf', LogisticRegression())])
lr.fit(x_train, y_train.ravel())


# 得到预测值
y_pred = lr.predict(x_test)
num_accu=np.sum(y_test == y_pred)
print('预测正确数: ', num_accu)
print('预测错误数: ', y_test.shape[0] - num_accu)
print('准确率: ', num_accu / y_test.shape[0])
```

运行代码 6-1 所得结果如下。

预测正确数：30

预测错误数：0

准确率：1.0

代码 6-1 的结果显示逻辑回归模型预测结果的准确率为 100%，说明模型分类效果比较理想，但是有过拟合的风险。

6.1.2　了解朴素贝叶斯

朴素贝叶斯是基于贝叶斯定理与条件独立假设的分类方法。对于给定的训练数据集，该方法首先基于条件独立假设学习输入输出的联合概率分布；然后基于联合概率分布模型，对给定的输入，利用贝叶斯定理求出后验概率最大的输出。朴素贝叶斯实现简单，学习与预测的效率都很高，是一种常用的判别分析方法。

朴素贝叶斯算法有对大数据集训练速度快；支持增量式运算，可以实时对新增样本进行训练；结果可解释性强等优点。同时也存在因为使用了样本属性独立性的假设，所以属性间有关联性时有效果不佳的缺点。

构建朴素贝叶斯模型时有以下注意事项。

（1）概率 P 通常是值很小的小数，连续的小数相乘易造成下溢出，使乘积为 0 或者得不到正确答案。一种解决办法是对乘积取自然对数，将连乘变为连加。

（2）属性数量较少的训练数据集，不适合使用朴素贝叶斯。

（3）输入模型的数据无须标准化处理。

sklearn 的 naive_bayes 模块提供 3 种类用于构建朴素贝叶斯模型，它们是 GaussianNB（高斯朴素贝叶斯）、MultinomialNB（多项式分布贝叶斯）和 BernoulliNB（伯努利朴素贝叶斯），它们分别对应 3 种不同的数据分布类型。

常用的朴素贝叶斯模型的构建类是 GaussianNB，其基本语法格式如下。

```
class sklearn.naive_bayes.GaussianNB(priors=None)
```

GaussianNB 类常用的参数及其说明，如表 6-4 所示。

表 6-4　GaussianNB 类常用的参数及说明

参数名称	说明
priors	接收 array。表示先验概率大小，若没有给定，则模型根据样本数据计算（利用极大似然法）。默认为 None

下面基于 load_breast_cancer 数据集，使用 GaussianNB 类构建朴素贝叶斯分类模型并训练。由于朴素贝叶斯无须标准化，可以直接使用划分后的数据 x_train 和 x_test 作为模型输入，如代码 6-2 所示。

代码 6-2　构建朴素贝叶斯分类模型

```
from sklearn.datasets import load_breast_cancer
from sklearn.naive_bayes import GaussianNB
from sklearn.model_selection import train_test_split


# 导入 load_breast_cancer 数据
cancer = load_breast_cancer()
x = cancer['data']
y = cancer['target']
# 将数据划分为训练集测试集
x_train, x_test, y_train, y_test = train_test_split(x, y, test_size = 0.2,
random_state = 22)
# 使用 GaussianNB 类构建朴素贝叶斯模型
gnb_model = GaussianNB()
gnb_model.fit(x_train, y_train)
print('预测测试集前 10 个结果为: \n', gnb_model.predict(x_test)[: 10])
print('测试集准确率为: ', gnb_model.score(x_test, y_test))
```

运行代码 6-2 得到的结果如下。

预测测试集前 10 个结果为：

```
[1 0 0 0 0 1 1 1 1 1]
```

测试集准确率为：0.9649122807017544

由代码 6-2 的运行结果可以看出朴素贝叶斯模型的分类结果较好，在测试集上的准确率达到了 96.49%。

6.1.3 了解决策树

决策树算法在分类、预测、规则提取等方向有着广泛应用。20 世纪 70 年代后期和 20 世纪 80 年代初期，机器学习研究者 J. 罗斯·昆兰（J.Ross Quinilan）提出了 ID3 算法以后，决策树在机器学习、数据挖掘领域得到极大的发展。罗斯·昆兰后来又提出了 C4.5 算法，该算法成为新的监督学习算法。1984 年几位统计学家提出了 CART（Classification And Regression Tree，分类回归树）算法。ID3 和 CART 算法都是采用类似的方法从训练样本中学习决策树。

决策树采用树状结构，它的每一个叶节点对应一个分类，非叶节点对应在某个属性上的划分，根据样本在该属性上的不同取值将其划分成若干个子集。对于非纯的叶节点，多数类的标号会给出到达这个节点的样本所属的类。构造决策树的核心问题是在每一步如何选择适当的属性对样本进行拆分。对于一个分类问题，从已知类标记的训练样本中学习并构造出决策树是一个自上而下、分而治之的过程。

常用的决策树算法如表 6-5 所示。

表6-5 常用的决策树算法

决策树算法	算法描述
ID3 算法	其核心是在决策树的各级节点上，使用信息增益方法作为属性的选择标准，来帮助确定生成每个节点时所应采用的合适属性
C4.5 算法	C4.5 算法相对于 ID3 算法的重要改进是使用信息增益率来选择节点属性。C4.5 算法可以弥补 ID3 算法存在的不足：ID3 算法只适用于离散的描述属性，而 C4.5 算法既能够处理离散的描述属性，也能够处理连续的描述属性
CART 算法	CART 算法是一种十分有效的非参数分类和回归方法，通过构建树、修剪树、评估树来构建一个二叉树。当终节点是连续变量时，该树为回归树；当终节点是离散变量时，该树为分类树

本小节将详细介绍 ID3 算法，它是一种较为经典的决策树算法。

1. ID3 算法简介及基本原理

ID3 算法采用信息增益作为决策的标准，信息熵用于评估样本集合纯度。样本集中的样本可能属于多个不同的类别，也可能只属于一个类别。如果样本集中的样本都属于一个类别，则这个样本集为纯，否则为不纯。ID3 算法选择当前样本集中具有最大信息增益值的属性作为测试属性，信息增益值表示某个属性的信息熵与其他属性的信息熵之和的差值。

样本集的划分则依据测试属性的取值进行，测试属性有多少不同取值就将样本集划分为多少子样本集，同时决策树上相对应样本集的节点长出新的叶节点。ID3 算法根据信息论理论，采用划分后样本集的不确定性作为衡量划分好坏的标准，用信息增益值度量不确定性，信息增益值越大，不确定性越小。因此，ID3 算法在每个非叶节点选择信息增益最大的属性作为测试属性，这样可以得到当前情况下最纯的拆分，从而得到较小的决策树。

ID3 算法作为一种典型的决策树算法，其核心是在决策树的各级节点上都使用信息增益作为判断标准来进行属性的选择，使得在每个非叶节点上进行划分时，都能获得最大的类别分类增益，使分类后的数据集的熵最小。这样的处理方法使得决策树的平均深度较小，从而有效地提高了分类效率。由于 ID3 算法采用了信息增益作为选择测试属性的标准，它会偏向于选择取值较多的，即所谓高度分支属性，而这类属性并不一定是最优的属性。同时 ID3 算法只能处理离散属性，对于连续属性，在分类前需要对其进行离散化。为了解决 ID3 算法倾向于选择高度分支属性的问题，人们采用信息增益率作为选择测试属性的标准，信息增益率为节点的信息增益与节点分裂信息度量的比值，这样便得到 C4.5 算法。

2. ID3 算法具体流程

ID3 算法的具体实现步骤如下。

（1）对当前样本集，计算所有属性的信息增益。

（2）选择信息增益最大的属性作为测试属性，将测试属性取值相同的样本划为同一个子样本集。

（3）若子样本集的类别属性只含有单个属性，则分支为叶节点，判断其属性值并标上相应的符号，然后返回调用处；否则对子样本集递归调用 ID3 算法。

使用 scikit-learn 库中 tree 模块的 DecisionTreeClassifier 类可以建立决策树模型，其语法格式如下。

```
class sklearn.tree.DecisionTreeClassifier(*, criterion='gini', splitter=
'best', max_depth=None, min_samples_split=2,min_samples_leaf=1,
min_weight_fraction_leaf=0.0, max_features=None, random_state=None,
max_leaf_nodes=None,min_impurity_decrease=0.0,min_impurity_split=None,
class_weight=None, ccp_alpha=0.0)
```

DecisionTreeClassifier 类常用的参数及其说明如表 6-6 所示。

表 6-6 DecisionTreeClassifier 类常用的参数及其说明

参数名称	参数说明
criterion	接收 gini 或 entropy。表示衡量分割质量的功能。默认为 gini
splitter	接收 best 或 random。表示用于在每个节点上选择拆分的策略。默认为 best
max_depth	接收 int。表示决策树的最大深度。默认为 None
min_samples_split	接收 int 或 float。表示拆分内部节点所需的最少样本数。默认为 2

下面结合公交车上车人次案例实现 ID3 算法，具体实施步骤如下。

（1）对于节假日属性，是节假日则设置为"1"，不是则设置为"0"。

（2）对于周末属性，是周末则设置为"1"，非周末则设置为"0"。

（3）对于天气属性，数据集中存在多种不同的值，这里将那些属性值相近的值进行类别整合。如天气为"多云""多云转晴""晴"，这些属性值相近，均是适宜外出的天气，会对人们选择交通方式有一定的影响，因此将它们归为一类，天气属性值设置为"1"；而对于"雨""小到中雨"等天气，将它们归为一类，天气属性值设置为"0"。

（4）数量属性是上车人次的计数。数量为数值型，需要对属性进行离散化，将数量属性划分为"1"和"0"两类。将上车人次的一个阈值作为分界点，大于分界点的划分到类别"1"，小于分界点的划分到类别"0"。

（5）经过以上处理，得到的数据集如表 6-7 所示。

表 6-7　处理后的数据集

节假日	周末	天气	数量
1	0	1	1
1	0	1	1
1	1	0	1
1	1	0	1
…	…	…	…
0	0	1	0
0	0	0	0
0	0	1	0

（6）使用 scikit-learn 库建立基于信息熵的决策树模型，预测上车人数的多少，如代码 6-3 所示。

代码 6-3　使用 ID3 算法预测上车人数的多少

```
import pandas as pd
from sklearn import tree
# 参数初始化
filename = '../data/sales_data.csv'
data = pd.read_csv(filename, encoding='gbk')  # 导入数据
x = data.iloc[:,:3].as_matrix().astype(int)
y = data.iloc[:,3].as_matrix().astype(int)


from sklearn.tree import DecisionTreeClassifier as DTC
dtc = DTC(criterion='entropy')  # 建立基于信息熵的决策树模型
dtc.fit(x, y)  # 训练模型
tree.plot_tree(dtc)
```

（7）生成的结果如图 6-4 所示。

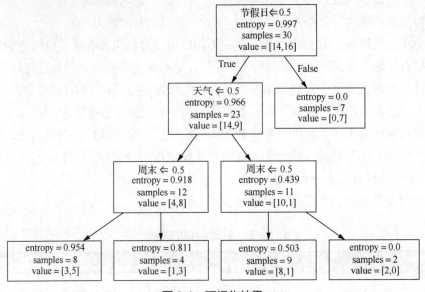

图 6-4　可视化结果

以最左边分支为例，在根节点中，数据总记录数为 30，数量属性为 "0" 的记录为 14，数量属性为 "1" 的记录为 16，信息熵为 0.997；当节假日属性为 "0" 时，依据分支条件 "节假日 <= 0.5"，应当判别为 True，此时数量属性为 "1" 的记录为 9，数量属性为 "0" 的记录为 14，信息熵为 0.966；当天气属性为 "0" 时，其数值小于 0.5，此时数量属性为 "1" 的记录为 8，数量属性为 "0" 的记录为 4，信息熵为 0.918；当周末属性为 "0" 时，其数值小于 0.5，此时数量属性为 "1" 的记录为 5，数量属性为 "0" 的记录为 3，信息熵为 0.954。

6.1.4　了解人工神经网络

人工神经网络（Artificial Neural Network，ANN）能在外界信息的基础上改变内部结构，是一个具备学习功能的自适应系统。和其他分类与回归算法一样，人工神经网络已经被用于解决各种各样的问题，如机器视觉和语音识别。

1. 人工神经网络介绍

人工神经网络是由具有适应性的简单单元组成的广泛并行互联网络，它的组织能够模拟生物神经系统对真实世界物体所做出的交互反应。将多个神经元按一定的层次结构连接起来，就得到神经网络。使用神经网络模型需要确定网络连接的拓扑结构、神经元的特征和学习规则等。常见的神经网络采用图 6-5 所示的层级结构，每层神经元与下一层的神经元全部互连，神经元之间不存在同层连接，也不存在跨层连接。

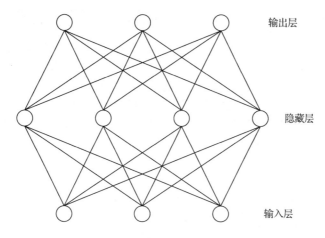

图 6-5 多层前馈神经网络

图 6-5 所示的网络结构称为多层前馈神经网络（Multilayer Feed Forward Neural Network），其中输入层神经元对信号进行接收，最终输出结果由输出层神经元输出。输入层神经元只接收输入，不进行函数处理；隐藏层与输出层包含功能神经元。神经网络的学习过程就是根据训练数据调整神经元之间的连接权重（Connection Weight）以及每个神经元的阈值，神经网络"学"到的信息蕴含在连接权重和阈值中。值得注意的是，如果单隐藏层网络不能满足实际生产需求，可在网络中设置多个隐藏层。

常用于实现分类和回归的神经网络算法如表 6-8 所示。

表 6-8 常用的神经网络算法

算法名称	算法描述
BP（Back Propagation，反向传播）神经网络	BP 神经网络是一种按误差逆传播算法训练的多层前馈神经网络，学习算法是 δ 学习规则，是目前应用最广泛的神经网络算法之一
LM（Levenberg-Marquardt，列文伯格-马夸尔特）神经网络	LM 神经网络是基于梯度下降法和牛顿法的多层前馈神经网络，特点是迭代次数少、收敛速度快、精确度高
RBF（Radial Basic Function，径向基函数）神经网络	RBF 神经网络能够以任意精度逼近任意连续函数，从输入层到隐藏层的变换是非线性的，而从隐藏层到输出层的变换是线性的，特别适合解决分类问题
模糊神经网络	模糊神经网络是具有模糊权系数或者输入信号是模糊量的神经网络，是模糊系统与神经网络相结合的产物。它具有神经网络与模糊系统的优点，集联想、识别、自适应及模糊信息处理于一体
GMDH（Group Method of Data Handling，数据分组处理方法）神经网络	GMDH 神经网络也称为多项式网络，是前馈神经网络中常用的一种用于预测的神经网络。它的特点是网络结构不固定，而且在训练过程中不断改变

算法名称	算法描述
自适应神经网络	自适应神经网络镶嵌在一个全部模糊的结构中，在不知不觉中向训练数据学习，自动产生、修正并高度概括出最佳的输入与输出变量的隶属函数以及模糊规则；另外神经网络的各层结构与参数也都具有明确的、易于理解的物理意义

本小节重点介绍 BP 神经网络。

2．BP 神经网络

BP 神经网络，是指采用误差逆传播（Back Propagation，BP）算法训练的多层前馈神经网络。BP 神经网络算法的实现流程如下。

（1）在(0,1)内随机初始化网络中所有权重和阈值。

（2）将训练样本提供给输入层神经元，然后逐层将信号前传，直到产生输出层的结果。这一步一般称为信号正向传播。

（3）计算输出层误差，将误差逆向传播至隐藏层神经元，再根据隐藏层神经元误差来对权重和阈值进行更新。这一步一般称为误差逆向传播。

（4）循环执行步骤（2）和步骤（3），直到达到某个停止条件，一般为训练误差小于设定的阈值或迭代次数大于设定的阈值。

下面以典型的三层 BP 神经网络为例介绍标准的 BP 神经网络算法。图 6-6 所示的是一个有 3 个输入层节点、4 个隐藏层节点、1 个输出层节点的三层 BP 神经网络。

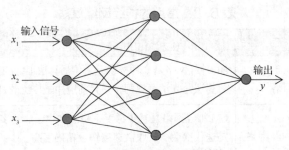

图 6-6　三层 BP 神经网络结构

BP 神经网络算法的学习过程由信号的正向传播与误差的逆向传播两个过程组成。正向传播时，输入信号经过隐藏层的处理后，传向输出层。若输出层节点未能得到期望的输出，则转入误差的逆向传播阶段，将输出误差按某种子形式，通过隐藏层向输入层返回，并"分摊"给隐藏层的 4 个节点与输入层的 3 个节点，从而获得各层神经元的参考误差（或称误差信号），作为修改各神经元权重的依据。这种信号正向传播与误差逆向传播的各层权重矩阵的修改过程是周而复始进行的。权重不断修改的过程，也就是网络的学习（或称训练）过程。此过程一直进行到网络输出的误差逐渐减少到可接受的程度或达到设定的学习次数为止。BP 神经网络算法学习过程的流程如图 6-7 所示。

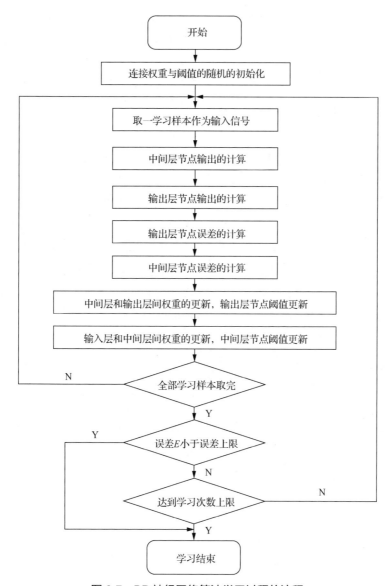

图 6-7　BP 神经网络算法学习过程的流程

　　下面针对表 6-7 的数据应用神经网络算法进行建模，建立的神经网络有 3 个输入节点、10 个隐藏节点和 1 个输出节点，如代码 6-4 所示。

代码 6-4　使用神经网络算法预测数量属性

```python
import pandas as pd


filename = '../data/sales_data.csv'
data = pd.read_csv(filename, encoding='gbk')  # 导入数据
x = data.iloc[:,:3].as_matrix().astype(int)
y = data.iloc[:,3].as_matrix().astype(int)
```

```
from keras.models import Sequential
from keras.layers.core import Dense, Activation


model = Sequential()  # 建立模型
model.add(Dense(input_dim = 3, units = 10))
model.add(Activation('relu'))  # 用relu函数作为激活函数，能够大幅提高准确度
model.add(Dense(input_dim = 10, units = 1))
model.add(Activation('sigmoid'))  # 由于是0～1输出，用sigmoid函数作为激活函数


model.compile(loss = 'binary_crossentropy', optimizer = 'adam')
# 编译模型。由于做的是二元分类，所以需要指定损失函数为binary_crossentropy
# 常见的损失函数有mean_squared_error、categorical_crossentropy等，请阅读帮助文件
# 求解方法指定用adam，此外还有sgd、rmsprop等可选


model.fit(x, y, epochs = 1000, batch_size = 10)  # 训练模型，学习1000次
yp = model.predict_classes(x).reshape(len(y))  # 分类预测


from cm_plot import *  # 导入自行编写的混淆矩阵可视化函数
cm_plot(y,yp).show()  # 显示混淆矩阵可视化结果
```

运行代码6-4可以得到图6-8所示的混淆矩阵图。

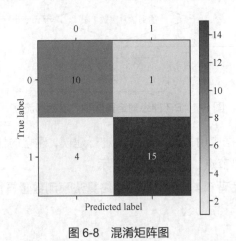

图6-8　混淆矩阵图

从图6-8可以看出，训练样本为30个，预测正确的个数为25，预测准确率为83.33%，预测准确率较低，这是因为神经网络训练时需要较多样本，而这里训练样本较少。

需要指出的是，这里的神经网络预测案例比较简单，并没有考虑过拟合的问题。事实上，神经网络的拟合能力是很强的，容易出现过拟合现象。与传统的添加"惩罚项"的做

法不同，目前神经网络（尤其是深度神经网络）中流行的防止过拟合的方法是随机地让部分神经网络节点休眠。

6.1.5　评价分类与回归模型

分类与回归模型对训练集进行预测而得出的准确率并不能很好地反映预测模型的性能，为了有效判断一个预测模型的性能表现，需通过评价指标对模型预测效果进行评价。

1. 分类模型评价指标

对于分类模型，常用的评价指标包括准确率、精确率、召回率、混淆矩阵和 ROC 曲线等。

（1）准确率

准确率（Accuracy）是指预测正确的结果占总样本的百分比。准确率定义如式（6-3）所示。

$$\text{Accuracy} = \frac{TP+TN}{TP+TN+FP+FN} \times 100\% \tag{6-3}$$

式（6-3）中的参数说明具体如下。

① TP（True Positive）：正确地将正样本预测为正样本的分类数。

② TN（True Negative）：正确地将负样本预测为负样本的分类数。

③ FP（False Positive）：错误地将负样本预测为正样本的分类数。

④ FN（False Negative）：错误地将正样本预测为负样本的分类数。

（2）精确率

精确率（Precision）是指在实际为正的样本中被正确预测为正样本的概率。精确率定义如式（6-4）所示。

$$\text{Precision} = \frac{TP}{TP+FP} \times 100\% \tag{6-4}$$

（3）召回率

召回率（Recall）是指在实际为正的样本中被正确预测正样本占的概率。召回率定义如式（6-5）所示。

$$\text{Recall} = \frac{TP}{TP+FN} \times 100\% \tag{6-5}$$

（4）混淆矩阵

混淆矩阵（Confusion Matrix）是模式识别领域中一种常用的表达形式。它用于描述样本数据的真实属性与识别结果类型之间的关系，是评价分类器性能的一种常用指标。

以一个二分类任务为例，可将样本根据真实类别与预测的分类结果的组合划分为 TP、

Python 数据分析基础与案例实战

FP、FN、TN 这 4 种情形，并对应其样本数，则有总样本数=TP+FP+FN+TN。分类结束后的混淆矩阵如表 6-9 所示。

表 6-9　混淆矩阵

真实结果	预测结果	
	正类	反类
正类	TP	FN
反类	FP	TN

而根据 4 种情形的预测结果，可得出预测结果的准确率（Accuracy）和错误率（Fallibility），计算方式如式（6-3）、式（6-6）所示。

$$Fallibility = \frac{FP+FN}{TP+TN+FP+FN} \times 100\% \tag{6-6}$$

其中，关于 TP、FP、FN、TN 的概念在介绍准确率评价指标时已进行说明。

将 90 个样本数据分成 3 类，每类含有 30 个样本数据，对应混淆矩阵中应用于实际数据得到的分类情况如表 6-10 所示。

表 6-10　混淆矩阵示例

真实结果	预测结果		
	类 1	类 2	类 3
类 1	26	3	1
类 2	1	27	2
类 3	1	0	29

第 1 行的数据说明有 26 个样本被正确分类，有 3 个样本应属于类 1，却错误地分到了类 2，有 1 个样本应属于类 1，却错误地分到了类 3；第 2 行的数据说明有 27 个样本被正确分类，有 1 个样本应属于类 2，却错误地分到了类 1，有 2 个样本应属于类 2，却错误地分到了类 3；第 3 行的数据说明有 29 个样本被正确分类，有 1 个样本应属于类 3，却错误地分到了类 1。

（5）ROC 曲线

接收者操作特征曲线（Receiver Operating Characteristic curve，ROC 曲线）是一种非常有效的模型评价指标，可为选定临界值给出定量提示。

如图 6-9 所示，这是以真正率（即正确地将正样本预测为正样本的比值）为纵坐标、假正率（即错误地将负样本预测为正样本的比值）为横坐标绘制的 ROC 曲线。该曲线下的面积（area）为 0.93，而面积的大小与每种方法的优劣密切相关，可反映分类器正确分类的统计概率，因此，其值越接近 1 说明该算法效果越好。

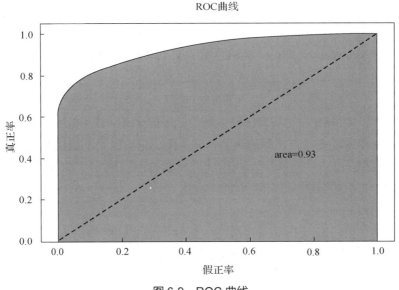

图 6-9　ROC 曲线

2. 回归模型评价指标

对于回归模型，常用的评价指标包括绝对误差与相对误差、误差分析中的综合指标（平均绝对误差、均方误差、均方根误差）、平均绝对百分误差和 Kappa 统计量等。

（1）绝对误差与相对误差

设 Y 表示实际值，$\hat{y}$ 表示预测值，则称 E 为绝对误差（Absolute Error），计算公式如式（6-7）所示。

$$E = Y - \hat{Y} \tag{6-7}$$

e 为相对误差（Relative Error），计算公式如式（6-8）所示。

$$e = \frac{Y - \hat{Y}}{Y} \tag{6-8}$$

有时相对误差也用百分数表示，如式（6-9）所示。

$$e = \frac{Y - \hat{Y}}{Y} \times 100\% \tag{6-9}$$

这是一种比较直观的误差表示方法。

（2）平均绝对误差

平均绝对误差（Mean Absolute Error，MAE）定义如式（6-10）所示。

$$\mathrm{MAE} = \frac{1}{n}\sum_{i=1}^{n}|E_i| = \frac{1}{n}\sum_{i=1}^{n}|Y_i - \hat{Y}_i| \tag{6-10}$$

式（6-10）中，MAE 表示平均绝对误差，E_i 表示第 i 个实际值与预测值的绝对误差，Y_i 表示第 i 个实际值，$\hat{Y}_i$ 表示第 i 个预测值。

由于预测误差有正有负，为了避免正负相抵消，故取绝对误差的绝对值进行求和并取其均值。

（3）均方误差

均方误差（Mean Square Error，MSE）定义如式（6-11）所示。

$$MSE = \frac{1}{n}\sum_{i=1}^{n}E_i^2 = \frac{1}{n}\sum_{i=1}^{n}(Y_i - \hat{Y}_i)^2 \qquad (6\text{-}11)$$

式（6-11）中，MSE 表示均方误差，其他符号的含义同式（6-10）。

均方误差是绝对误差平方之和的均值，它避免了正负误差不能相加的问题，且可用于还原平方失真程度。由于对绝对误差 E 进行了平方，加强了数值大的误差在指标中的作用，从而提高了这个指标的灵敏性，这是它的一大优点。

（4）均方根误差

均方根误差（Root Mean Square Error，RMSE）定义如式（6-12）所示。

$$RMSE = \sqrt{\frac{1}{n}\sum_{i=1}^{n}E_i^2} = \sqrt{\frac{1}{n}\sum_{i=1}^{n}(Y_i - \hat{Y}_i)^2} \qquad (6\text{-}12)$$

式（6-12）中，RMSE 表示均方根误差，其他符号的含义同式（6-10）。

均方根误差是均方误差的平方根，代表预测值的离散程度。均方根误差也叫标准误差，最佳拟合情况为 RMSE=0。

（5）平均绝对百分误差

平均绝对百分误差（Mean Absolute Percentage Error，MAPE）定义如式（6-13）所示。

$$MAPE = \frac{1}{n}\sum_{i=1}^{n}|E_i/Y_i| = \frac{1}{n}\sum_{i=1}^{n}|(Y_i - \hat{Y}_i)/Y_i| \qquad (6\text{-}13)$$

式（6-13）中，MAPE 表示平均绝对百分误差。一般认为 MAPE 小于 10 时，预测精度较高。

（6）Kappa 统计量

Kappa 统计量是比较两个或多个观测者对同一事物，或观测者对同一事物的两次或多次观测结果是否一致，将由随机造成的一致性和实际观测的一致性之间的差别大小作为评价基础的统计指标。Kappa 统计量和加权 Kappa 统计量不仅可以用于无序和有序分类变量资料的一致性、重现性检验，而且能给出一个反映一致性大小的"量"值。

Kappa 取值为 $[-1,1]$，其值的大小均有不同意义，具体如下。

① 当 Kappa=1 时，说明两次判断的结果完全一致。

② 当 Kappa=−1 时，说明两次判断的结果完全不一致。

③ 当 Kappa=0 时，说明两次判断的结果是随机造成的。

④ 当 Kappa<0 时，说明一致程度比随机造成的还差，两次检查结果很不一致，在实际应用中无意义。

⑤ 当 Kappa>0 时，说明有意义，Kappa 越大，说明一致性越好。

⑥ 当 Kappa≥0.75 时，说明已经取得相当满意的一致程度。

⑦ 当 Kappa<0.4 时，说明一致程度不够。

6.2 构建聚类模型

随着高铁、动车等出行方式的普及，航空公司受到了一定的冲击，行内竞争也越发激烈。因此，航空公司如何通过乘客乘机行为测量的数据，进一步评判乘客的价值以及对乘客进行细分，找到有价值的乘客群体和需关注的乘客群体，进而对不同价值的乘客群体提供个性化服务，制定相应的营销策略，使得航空公司效益得到最大化的提升成为一个问题。而这个问题，便可通过聚类分析进行解决。

6.2.1 了解常用的聚类算法

与分类不同，聚类分析是在没有给定划分类别的情况下，根据数据相似度进行样本分组的一种方法。与分类模型需要使用有类标记样本构成的训练数据不同，聚类模型可以建立在无类标记的数据上，是一种非监督的学习算法。聚类的输入是一组未被标记的样本，聚类根据数据自身的距离或相似度将它们划分为若干组，划分的原则是组内（内部）样本距离最小化而组间（外部）样本距离最大化，如图 6-10 所示。

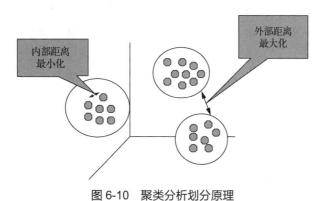

图 6-10　聚类分析划分原理

常用的聚类方法如表 6-11 所示。

表 6-11　常用的聚类方法

类别	包括的主要算法
划分（分裂）方法	K-Means 算法（K-均值）、K-Medoids 算法（K-中心点）、CLARANS 算法（基于选择的算法）
层次分析方法	BIRCH 算法（平衡迭代规约和聚类）、CURE 算法（代表点聚类）、CHAMELEON 算法（动态模型）
基于密度的方法	DBSCAN 算法（基于高密度连接区域）、DENCLUE 算法（基于密度分布函数）、OPTICS 算法（对象排序识别）
基于网格的方法	STING 算法（统计信息网络）、CLIOUE 算法（聚类高维空间）、WAVE-CLUSTER 算法（小波变换）
基于模型的方法	统计学算法、神经网络算法

常用的聚类算法如表 6-12 所示。

表 6-12　常用聚类算法

算法名称	算法描述
K-Means	K-Means 聚类又称快速聚类，在最小化误差函数的基础上将数据划分为预定的聚类数 k。该算法原理简单并便于处理大量数据
K-Medoids	K-Medoids 算法不将簇中对象的均值作为簇中心，而选用簇中离均值最近的对象作为簇中心
DBSCAN	DBSCAN 是指带有噪声的应用程序的基于密度的空间聚类算法，可查找出高密度的核心样本并从中扩展聚类，适用于包含相似密度簇的数据
系统聚类	系统聚类又称多层次聚类，分类的单位由高到低呈树形结构，且所处的位置越低，所包含的对象就越少，但这些对象间的共同属性越多。该聚类算法只适合在数据量小的时候使用，数据量大的时候速度会非常慢

6.2.2　了解 K-Means 聚类

K-Means 聚类算法是典型的基于距离的非层次聚类算法，在最小化误差函数的基础上将数据划分为预定的类数 k，采用距离作为相似性的评价指标，即认为两个对象的距离越近，其相似度就越大。

1. 算法过程

K-Means 聚类算法过程如下。

（1）从 n 个样本数据中随机选取 k 个对象作为初始的聚类中心。

（2）分别计算每个样本到各个聚类中心的距离，将对象分配到距离最近的聚类中。

（3）所有对象分配完成后，重新计算 k 个聚类的中心。

（4）与前一次计算得到的 k 个聚类中心比较，如果聚类中心发生变化，执行步骤（2），否则执行步骤（5）。

（5）当聚类中心不发生变化时停止并输出聚类结果。

聚类的结果可能依赖于初始聚类中心的随机选择，可能使得结果严重偏离全局最优分类。实践中，为了得到较好的结果，通常会选择不同的初始聚类中心，多次运行 K-Means 算法。值得注意的是，在所有对象分配完成后，重新计算 k 个聚类的中心时，对于连续数据，聚类中心取该簇的均值，但是当样本的某些属性是分类变量时，均值可能无定义，这时便需要使用其他的算法进行聚类。

2. 数据类型与相似性的度量

（1）连续属性

对于连续属性，要先对各属性值进行零–均值标准化，再进行距离的计算。K-Means 聚类算法中，一般需要度量样本之间的距离、样本与簇之间的距离以及簇与簇之间的距离。

度量样本之间的相似性常用的是欧几里得距离、曼哈顿距离和闵可夫斯基距离。样本与簇之间的距离可以用样本到簇中心的距离 $d(e_i, x)$ 表示；簇与簇之间的距离可以用簇中心的距离 $d(e_i, e_j)$ 表示。

设有 p 个属性来表示 n 个样本的数据矩阵 $\begin{pmatrix} x_{11} & \cdots & x_{1p} \\ \vdots & & \vdots \\ x_{n1} & \cdots & x_{np} \end{pmatrix}$，则其欧几里得距离如式（6-14）所示，曼哈顿距离为如（6-15）所示，闵可夫斯基距离如式（6-16）所示。

$$d(i,j) = \sqrt{(x_{i1}-x_{j1})^2 + (x_{i2}-x_{j2})^2 + \cdots + (x_{ip}-x_{jp})^2} \qquad (6\text{-}14)$$

$$d(i,j) = |x_{i1}-x_{j1}| + |x_{i2}-x_{j2}| + \cdots + |x_{ip}-x_{jp}| \qquad (6\text{-}15)$$

$$d(i,j) = \sqrt[q]{\left(|x_{i1}-x_{j1}|\right)^q + \left(|x_{i2}-x_{j2}|\right)^q + \cdots + \left(|x_{ip}-x_{jp}|\right)^q} \qquad (6\text{-}16)$$

式（6-16）中，q 为正整数，$q=1$ 时即曼哈顿距离，$q=2$ 时即欧几里得距离。

（2）文档数据

对于文档数据，使用余弦度量相似性。先将文档数据整理成文档-词矩阵格式，如表 6-13 所示。

表 6-13　文档-词矩阵

	lost	win	team	score	music	happy	sad	…	coach
文档一	14	2	8	0	8	7	10	…	6
文档二	1	13	3	4	1	16	4	…	7
文档三	9	6	7	7	3	14	8	…	5

两个文档之间的相似度的计算公式如式（6-17）所示。

$$d(\boldsymbol{i}, \boldsymbol{j}) = \cos(\boldsymbol{i}, \boldsymbol{j}) = \frac{\boldsymbol{i} \cdot \boldsymbol{j}}{|\boldsymbol{i}||\boldsymbol{j}|} \qquad (6\text{-}17)$$

在式（6-17）中，$\boldsymbol{i}$ 和 $\boldsymbol{j}$ 为空间中的两个向量，$|\boldsymbol{i}|$ 和 $|\boldsymbol{j}|$ 表示向量的模，$\cos(\boldsymbol{i}, \boldsymbol{j})$ 则为通过这两个向量所计算出的夹角的余弦值，该余弦值即两个文档之间的相似度 $d(\boldsymbol{i}, \boldsymbol{j})$。

3. 目标函数

使用簇内误方差（Sum Square Error，SSE）作为度量聚类质量的目标函数，对于两种不同的聚类结果，选择误差平方和较小的分类结果。

连续属性的 SSE 的计算公式如式（6-18）所示。

$$\text{SSE} = \sum_{i=1}^{k} \sum_{x \in E_i} \text{dist}(e_i, x)^2 \qquad (6\text{-}18)$$

文档数据的 SSE 的计算公式如式（6-19）所示。

$$\text{SSE} = \sum_{i=1}^{k} \sum_{x \in E_i} \cos(e_i, x)^2 \qquad (6\text{-}19)$$

簇 E_i 的聚类中心 e_i 的计算公式如式（6-20）所示。

$$e_i = \frac{1}{n_i} \sum_{x \in E_i} x \tag{6-20}$$

式（6-19）、式（6-20）、式（6-21）中的符号说明如表 6-14 所示。

表 6-14 符号说明

符号	含义	符号	含义
k	聚类簇的个数	e_i	簇 E_i 的聚类中心
E_i	第 i 个簇	n	数据集中样本的个数
x	对象（样本）	n_i	第 i 个簇中样本的个数

下面结合具体案例来解决本节开始提出的问题。部分汽车评估数据如表 6-15 所示。其中维护费用（maint）包含"low""med""high""vhigh"4 种取值，载客人数（persons）取值为"2""4""more"，空间（lug_boot）取值为"small""med""big"，安全系数（safety）取值为"low""med""high"，根据这些数据将汽车分类成不同类型。

表 6-15 部分汽车评估数据

maint	persons	lug_boot	safety
vhigh	2	small	med
vhigh	2	small	high
vhigh	2	med	low
vhigh	2	med	med
vhigh	2	med	high
vhigh	2	big	low
vhigh	2	big	med
vhigh	2	big	high
vhigh	4	small	low
vhigh	4	small	med

采用 K-Means 聚类算法，设定聚类个数 k 为 4，最大循环次数为 500，距离函数取欧几里得距离，对汽车评估数据进行聚类，如代码 6-5 所示。

代码 6-5 使用 K-Means 聚类算法对汽车评估数据进行聚类

```python
import pandas as pd
# 参数初始化
inputfile = '../data/car.csv'  # 销量及其他属性数据
outputfile = '../tmp/car_type.xls'  # 保存结果的文件名
k = 4  # 聚类的类别
```

```
iteration = 500  # 聚类最大循环次数
data = pd.read_csv('../data/car.csv')
data_zs = data
#将字符型数据转换为数值型数据
for i in data.columns:
        data_zs [i] = pd.factorize(data_zs [i])[0]


from sklearn.cluster import KMeans
model = KMeans(n_clusters = k, n_jobs = 4, max_iter = iteration,random_state=1234)
# 分为 k 类, 并发数为 4
model.fit(data_zs)  # 开始聚类


# 简单输出结果
r1 = pd.Series(model.labels_).value_counts()  # 统计各个类别的数目
r2 = pd.DataFrame(model.cluster_centers_)  # 找出聚类中心
r = pd.concat([r2, r1], axis = 1)  # 横向连接（0是纵向），得到聚类中心对应的类别下的
数目
r.columns = list(data.columns) + ['类别数目']  # 重命名表头
print(r)


# 详细输出原始数据及其类别
r = pd.concat([data, pd.Series(model.labels_, index = data.index)], axis = 1)
# 详细输出每个样本对应的类别
r.columns = list(data.columns) + ['聚类类别']  # 重命名表头
r.to_excel(outputfile)  # 保存结果
```

需要注意的是，scikit-learn 库中的 K-Means 算法仅仅支持欧几里得距离，原因在于采用其他的距离不一定能够保证算法的收敛性。

运行代码 6-5 得到的结果如表 6-16 所示。

表 6-16　聚类算法输出结果

分群类别		分群 1	分群 2	分群 3	分群 4
样本个数		432	399	432	464
样本个数占比		25.01%	23.10%	25.01%	26.86%
聚类中心	maint	2.481481	0.521303	2.518519	0.482759
	persons	1.222222	0.962406	0.777778	1.034483
	lug_boot	0.333333	1.243108	1.666667	0.793103
	safety	1.074074	1.719298	0.925926	0.379310

Python 数据分析基础与案例实战

接着用 pandas 和 Matplotlib 绘制不同汽车类型的概率密度函数图，通过这些图能比较不同客户群的价值，如代码 6-6 所示，其中属性取值将自动转换为数字，如"low""med""high""vhigh"转换为 0、1、2、3，得到的结果如图 6-11、图 6-12、图 6-13、图 6-14 所示。

代码 6-6　绘制聚类后的概率密度函数图

```
def density_plot(data):  # 自定义作图函数
  import matplotlib.pyplot as plt
  plt.rcParams['font.sans-serif'] = ['SimHei']  # 用来正常显示中文标签
  plt.rcParams['axes.unicode_minus'] = False  # 用来正常显示负号
  p = data.plot(kind='kde', linewidth = 2, subplots = True, sharex = False)
  [p[i].set_ylabel('密度') for i in range(k)]
  [p[i].set_xlabel('分布') for i in range(k)]
  plt.legend(loc = 'right)
  plt.tight_layout()
  return plt


pic_output = '../tmp/pd'  # 概率密度函数图文件名前缀
for i in range(k):
  density_plot(data[r[u'聚类类别']]==i]).savefig(u'%s%s.png' %(pic_output, i))
```

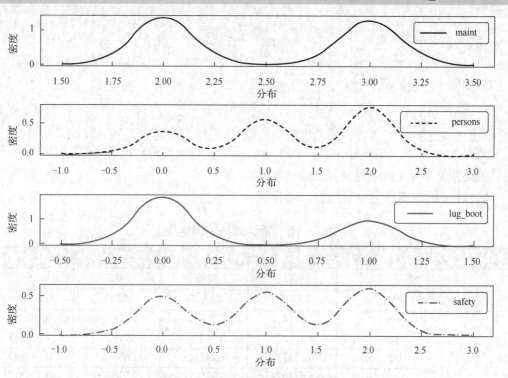

图 6-11　分群 1 的概率密度函数图

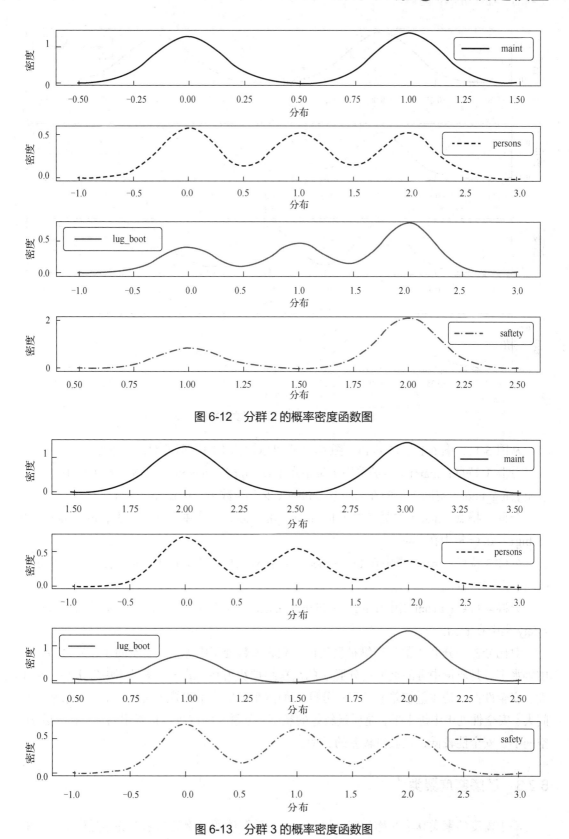

图 6-12　分群 2 的概率密度函数图

图 6-13　分群 3 的概率密度函数图

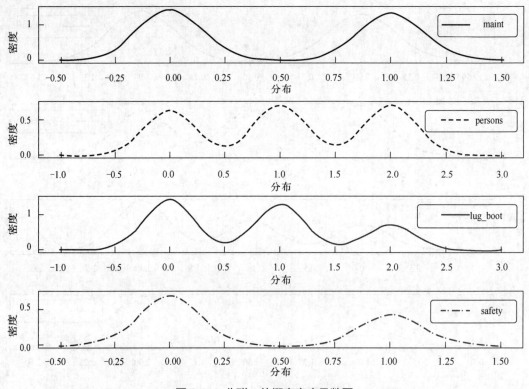

图 6-14　分群 4 的概率密度函数图

从图 6-11、图 6-12、图 6-13、图 6-14 中可以评估不同汽车类型，具体如下。

分群 1 特点：maint（维护费用）集中在 low～med；persons（载客人数）集中在 2 人以上；lug_boot（空间）集中在 small；safety（安全系数）集中在 low～med。

分群 2 特点：maint 主要集中在 high～vhigh；persons 集中在 2 人以上；lug_boot 集中在 big；safety 集中在 low。

分群 3 特点：maint 集中在 low～med；persons 集中在 2 人以上；lug_boot 集中在 big；safety 集中在 med。

分群 4 特点：maint 集中在 high～vhigh；persons 集中在 4 人以上；lug_boot 集中在 small；safety 集中在 med。

对比分析：分群 1 的汽车维护费用低、载客人数处于中等水平、空间小、安全性处于中等水平，是质量中等的类型；分群 2 的汽车维护费用高、载客人数处于中等水平、空间大、安全性低，是质量较差的类型；分群 3 的汽车维护费用和载客人数处于中等水平、空间大、安全性处于中等水平，是质量较好的类型；分群 4 的汽车维护费用高、载客人数多、空间小、安全性较低，是质量较差的类型。

6.2.3　了解密度聚类

基于密度的聚类算法又称为密度聚类算法，该算法假设聚类结果能够通过样本分布的紧密程度确定。密度聚类算法的基本思想是：以样本点在空间分布上的紧密程度为依据进行聚类，若区域中的样本密度大于某个阈值，则将相应的样本点划入与之相近的簇中。

基于密度的噪声应用空间聚类（Density-Based Spatial Clustering of Applications with Noise，DBSCAN）是一种典型的密度聚类算法，该算法从样本密度的角度考察样本之间的可连接性，并由可连接样本不断扩展直到获得最终的聚类结果。

对于样本集 $D = \{x_1, x_2, \cdots, x_m\}$，给定距离参数 ε，数目参数 MinPts，任一样本点 $x_i \in D$，定义以下概念。

（1）将集合 $N_\varepsilon(x_i) = \{x_j | \mathrm{dist}(x_j, x_i) \leqslant \varepsilon\}$ 称为样本点 x_i 的 ε 邻域，若 $|N_\varepsilon(x_i)| \geqslant \mathrm{MinPts}$，则称 x_i 为一个核心对象。

（2）若样本点 x_j 属于 x_i 的 ε 邻域，且 x_i 为一个核心对象，则称 x_j 由 x_i 密度直达。

（3）对于样本点 x_i 和 x_j，若存在样本点序列 $p_1, p_2, \cdots, p_n$，其中 $p_1 = x_i$，$p_n = x_j$，且 p_{i+1} 由 p_i 密度直达，则称 x_j 由 x_i 密度可达。

（4）若存在样本点 x_k，使得样本点 x_i 和 x_j 均由 x_k 密度可达，则称 x_i 与 x_j 密度相连。

如果取距离参数 $\varepsilon = 1.2$，数目参数 $\mathrm{MinPts} = 3$，核心对象、密度直达、密度可达和密度相连的概念展示如图 6-15 所示。

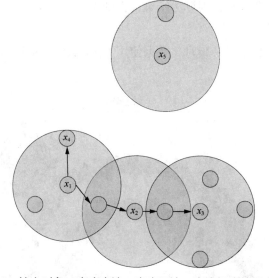

图 6-15　核心对象、密度直达、密度可达、密度相连的概念展示

在图 6-15 中，对于当前参数而言，样本点 x_1、x_2、x_3 为核心对象，而样本点 x_5 不是核心对象；x_4 由 x_1 密度直达，x_3 由 x_1 密度可达，x_4 与 x_3 密度相连。

基于以上关于样本点之间可连接性的定义，DBSCAN 算法将簇 C 描述为满足以下两个条件的非空子集。

（1）$x_i \in C$，$x_j \in C$，则 x_i 与 x_j 密度相连。

（2）$x_i \in C$，x_j 由 x_i 密度可达，则 $x_j \in C$。

DBSCAN 算法的基本过程如图 6-16 所示，具体步骤如下。

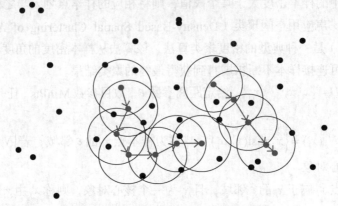

图 6-16　DBSCAN 算法的基本过程

（1）输入样本集合、距离参数 ε、数目参数 MinPts。

（2）确定核心对象集合。

（3）在核心对象集合中，随机选择一个核心对象作为种子。

（4）依据簇划分原则生成一个簇，并更新核心对象集合。

（5）若核心对象集合为空，则算法结束，否则返回步骤（3）。

（6）输出聚类结果。

对生成的两簇非凸数据和一簇对比数据使用 DBSCAN 类构建密度聚类模型，密度聚类结果如图 6-17 所示。

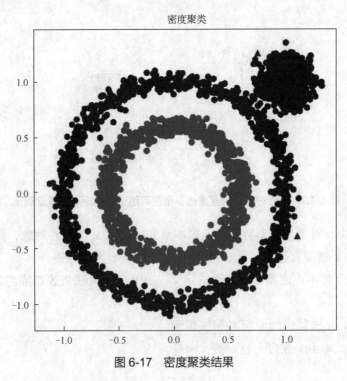

图 6-17　密度聚类结果

由图 6-17 可以看出，密度聚类模型对于非凸数据（图 6-17 中的 2 个空心圆部分）的聚类效果很好，可以区分出不同的非凸数据。其中，三角形表示噪声数据。

使用 scikit-learn 库中的 cluster 模块的 DBSCAN 类可以实现采用密度聚类算法对数据进行聚类。DBSCAN 类的基本使用格式如下。

```
class sklearn.cluster.DBSCAN(eps=0.5, *, min_samples=5, metric='euclidean',
metric_params=None, algorithm='auto', leaf_size=30, p=None, n_jobs=None)
```

DBSCAN 类常用的参数及其说明如表 6-17 所示。

表 6-17　DBSCAN 类常用的参数及其说明

参数名称	参数说明
eps	接收 float。表示同一个簇中两个样本之间的最大距离，该距离被视为另一个样本的邻域。默认为 0.5
min_samples	接收 int。表示一个点附近被视为核心点的样本数量。默认为 5
metric	接收 str 或 callable。表示计算要素阵列中实例之间的距离时使用的度量。默认为 euclidean
metric_params	接收 dict。表示度量功能的其他关键字参数。默认为 None
algorithm	接收算法名称。表示 NearestNeighbors 模块将使用该算法来计算逐点距离并查找最近的邻居。默认为 auto
n_jobs	接收 int。表示要运行的并行作业数。默认为 None

下面使用 DBSCAN 类构建密度聚类模型，并绘制聚类结果图，如代码 6-7 所示。

代码 6-7　使用 DBSCAN 类构建密度聚类模型

```python
from sklearn.cluster import DBSCAN
import sklearn.datasets as datasets
import matplotlib.pyplot as plt
import pandas as pd
import numpy as np
# 生成两簇非凸数据
x1, y2 = datasets.make_blobs(n_samples=1000, n_features=2,
                            centers=[[1, 1]], cluster_std=[[.1]],
                            random_state=9)
# 生成一簇对比数据
x2, y1 = datasets.make_circles(n_samples=2000, factor=.6, noise=.05)
x = np.concatenate((x1, x2))
```

```
# 生成 DBSCAN 模型
dbs = DBSCAN(eps=0.1, min_samples=12).fit(x)
print('DBSCAN模型:\n', dbs)

# 绘制 DBSCAN 模型聚类结果图
ds_pre = dbs.fit_predict(x)
plt.figure(figsize=(6, 6))
plt.rcParams['font.sans-serif']=['SimHei']#正常显示中文标签
plt.rcParams['axes.unicode minus']=False#正常显示负号
plt.scatter(x[:, 0], x[:, 1], c=ds_pre)
plt.title('密度聚类', size=17)
plt.show()
```

6.2.4 聚类模型评价

聚类分析仅根据样本数据本身将样本分组，组内的样本相互之间是相似的（相关的），而不同组中的样本是不同的（不相关的）。组内的样本相似性越大，组间的样本差别越大，聚类效果就越好。常见的聚类评价方法有 purity 评价法、RI 评价法、F 值评价法、FM 系数等。

1. purity 评价法

Purity 评价法是极为简单的一种聚类评价方法，只需计算正确聚类数占总数的比例，如式（6-21）所示。

$$\mathrm{purity}(X,Y) = \frac{1}{n}\sum_{k}\max_{i}|x_k \bigcap y_i| \tag{6-21}$$

在式（6-21）中，$X = (x_1, x_2, \cdots, x_k)$ 是聚类的集合，x_k 表示第 k 个聚类的集合；$Y = (y_1, y_2, \cdots, y_i)$ 表示需要被聚类的集合，y_i 表示第 i 个聚类对象；n 表示被聚类集合对象的总数。

2. RI 评价法

RI 评价法是一种用排列组合原理来对聚类进行评价的方法，RI 即 Rand 指数（Rand Index，RI）。RI 评价公式如式（6-22）所示。

$$\mathrm{RI} = \frac{R + W}{R + M + D + W} \tag{6-22}$$

在式（6-22）中，R 是指被聚在一类的两个对象被正确分类了，W 是指不应该被聚在一类的两个对象被正确分开了，M 是指不应该放在一类的对象被错误地放在了一类，D 是指不应该分开的对象被错误地分开了。

3. F 值评价法

F 值评价法是基于上述 RI 评价法衍生出的一个方法。F 值评价公式如式（6-23）所示。

$$F_\alpha = \frac{(1+\alpha^2)pr}{\alpha^2 p + r} \tag{6-23}$$

在式（6-23）中，$p = \dfrac{R}{R+M}$，$r = \dfrac{R}{R+D}$。

实际上 RI 评价法就是将准确率 p 和召回率 r 看得同等重要，即给 M 和 D 赋予同样权重。事实上有时候我们可能需要某一特性更多一点，这时候就适合使用 F 值评价法。

4. FM 指数

FM 指数（Fowlkes and Mallows Index，FMI）属于聚类模型评价指标中的一种外部评价指标，这一类的评价指标是将聚类结果与某个参考模型进行比较，如与领域专家的划分结果进行比较，从而对模型进行评价。FM 指数的计算公式如式（6-24）所示。

$$\text{FMI} = \sqrt{\frac{a}{a+b} \cdot \frac{a}{a+c}} \tag{6-24}$$

5. DB 指数

DB 指数（Davies-Bouldin Index，DBI）属于聚类模型评价指标中的一种内部评价指标，这一类的评价指标是通过直接考察聚类结果而不利用任何参考模型进行模型的评价。DB 指数的计算公式如式（6-25）所示。

$$\text{DBI} = \frac{1}{k}\sum_{i=1}^{k}\max_{j \neq i}\left(\frac{\text{avg}(C_i) + \text{avg}(C_j)}{d_{\text{cen}}(\mu_i, \mu_j)}\right) \tag{6-25}$$

其中，$\mu = \dfrac{1}{|C|}\sum_{1 \leqslant i \leqslant |C|} x_i$，若聚类结果所形成的簇集合为簇 C，参考模型的簇集合为簇 D，则式（6-24）、式（6-25）中的符号说明如表 6-18 所示。

表 6-18　符号说明

符号	含义	符号	含义
a	在 C 中属于相同簇，且在 D 中属于相同簇的样本对的数量	μ	簇 C 的中心点
b	在 C 中属于相同簇，且在 D 中属于不同簇的样本对的数量	$\text{avg}(C_i)$	簇 C_i 内样本间的平均距离
c	在 C 中属于不同簇，且在 D 中属于相同簇的样本对的数量	$\text{avg}(C_j)$	簇 C_j 内样本间的平均距离
d	在 C 中属于不同簇，且在 D 中属于不同簇的样本对的数量	$d_{\text{cen}}(\mu_i, \mu_j)$	簇 C_i 与簇 C_j 中心点间的距离

6.3 构建时间序列模型

时间序列是按照时间排序的一组随机变量，它通常是在相等间隔的时间段内依照给定的采样率对某种潜在过程进行观测的结果。时间序列数据本质上反映的是某个或某些随机变量随时间不断变化的趋势，而时间序列预测方法的核心就是从数据中挖掘出这种规律，并利用其对将来的数据进行估计。

6.3.1 了解常用的时间序列模型

时间序列法是一种定量预测方法，亦称简单外延方法，其作为一种常用的预测手段被广泛应用。时间序列分析（Time Series Analysis）在第二次世界大战前应用于经济预测，在第二次世界大战中和第二次世界大战后，在军事科学、空间科学、气象预报和工业自动化等领域的应用更加广泛。时间序列分析是一种动态数据处理的统计方法。该方法研究随机数据序列所遵从的统计规律，以用于解决实际问题。

常用的时间序列模型如表 6-19 所示。

表 6-19 常用的时间序列模型

模型名称	描述
组合模型	时间序列的变化主要受到长期趋势（T）、季节变动（S）、循环变动（C）和随机波动（ε）这 4 个因素的影响。根据序列的特点，可以构建加法模型（$x_t = T_t + S_t + C_t + \varepsilon_t$）和乘法模型（$x_t = T_t \cdot S_t \cdot C_t \cdot \varepsilon_t$）
AR 模型	以前 p 期的序列值 $x_{t-1}, x_{t-2}, \cdots, x_{t-p}$ 为自变量、随机变量 X_t 的取值 x_t 为因变量建立线性回归模型，即 $x_t = \phi_0 + \phi_1 x_{t-1} + \phi_2 x_{t-2} + \cdots + \phi_p x_{t-p} + \varepsilon_t$
MA 模型	随机变量 X_t 的取值 x_t 与以前各期的序列值无关，据此建立 x_t 与前 q 期的随机扰动 $\varepsilon_{t-1}, \varepsilon_{t-2}, \cdots, \varepsilon_{t-q}$ 的线性回归模型，即 $x_t = \mu + \varepsilon_t - \theta_1 \varepsilon_{t-1} - \theta_2 \varepsilon_{t-2} - \cdots - \theta_q \varepsilon_{t-q}$
ARMA 模型	$x_t = \phi_0 + \phi_1 x_{t-1} + \phi_2 x_{t-2} + \cdots + \phi_p x_{t-p} + \varepsilon_t - \theta_1 \varepsilon_{t-1} - \theta_2 \varepsilon_{t-2} - \cdots - \theta_q \varepsilon_{t-q}$。在该模型中，随机变量 X_t 的取值 x_t 不仅与前 p 期的序列值有关，还与前 q 期的随机扰动有关
ARIMA 模型	许多非平稳序列差分后会显示出平稳序列的性质，这种非平稳序列称为差分平稳序列。对差分平稳序列可以使用 ARIMA 模型进行拟合
ARCH 模型	ARCH 模型能准确地模拟时间序列变量的波动性的变化，适用于序列具有异方差性并且异方差函数短期自相关的数据
GARCH 模型及其衍生模型	GARCH 模型称为广义 ARCH 模型，是 ARCH 模型的拓展。相比 ARCH 模型，GARCH 模型及其衍生模型更能反映实际序列中的长期记忆性、信息的非对称性等性质

本小节将重点介绍 AR 模型、MA 模型、ARMA 模型和 ARIMA 模型。

6.3.2　预处理时间序列

针对一个观察值序列，首先要对它的白噪声和平稳性进行检验，这两个重要的检验称为序列的预处理。根据检验结果可以将序列分为不同的类型，对不同类型的序列需采用不同的分析方法。

白噪声序列又称纯随机序列，序列的各项之间没有任何相关关系，序列在进行完全无序的随机波动，可以终止对该序列的分析。白噪声序列是没有信息可提取的平稳序列。

对于平稳非白噪声序列，它的均值和方差是常数，现已有一套非常成熟的平稳序列的建模方法。通常是建立一个线性模型来拟合该序列的变化，借此提取该序列的有用信息。ARMA 模型是常用的平稳序列拟合模型。

对于非平稳序列，由于它的均值和方差不稳定，处理方法一般是将其转变为平稳序列，这样即可应用有关平稳时间序列的分析方法，如建立 ARMA 模型来进行相应的研究。如果一个时间序列经差分运算后具有平稳性，称该序列为差分平稳序列，可以使用 ARIMA 模型进行分析。

1.　平稳性检验

（1）平稳时间序列的定义

如果时间序列 $\{X_t, t \in T\}$ 在某一常数附近波动且波动范围有限，即有常数均值和常数方差，并且延迟 k 期的序列变量的自协方差和自相关系数是相等的，或者说延迟 k 期的序列变量之间的影响程度是一样的，则称 $\{X_t, t \in T\}$ 为平稳时间序列。平稳性的基本思想是：决定过程特性的统计规律不随时间的变化而变化。

（2）平稳性的检验

对序列的平稳性有两种检验方法，一种是根据时序图和自相关图的特征进行判断的图检验，该方法操作简单、应用广泛，缺点是带有主观性；另一种是构造检验统计量进行检验，目前常用的方法是单位根检验。

① 时序图检验。根据平稳时间序列的均值和方差都为常数的性质，平稳序列的时序图显示该序列的值始终在一个常数附近随机波动，而且波动的范围有界。如果时序图有明显的趋势性或者周期性，那么序列通常不是平稳序列。

② 自相关图检验。平稳序列具有短期相关性，这个性质表明，对平稳序列而言，通常只有近期的序列值对现时值的影响比较明显，间隔越远的过去值对现时值的影响越小。随着延迟期数 k 的增加，平稳序列的自相关系数 ρ_k（延迟 k 期）会比较快地衰减，最后趋近于 0，并在 0 附近随机波动，而非平稳序列的自相关系数衰减的速度比较慢，这就是利用自相关图进行平稳性检验的标准。

③ 单位根检验。单位根检验是指检验序列中是否存在单位根，存在单位根就是非平稳时间序列。

2. 纯随机性检验

如果一个序列是纯随机序列，那么它的序列值之间应该没有任何关系。自相关系数为 0 是一种理论上才会出现的理想状态，实际上纯随机序列的样本自相关系数不会绝对为 0，但是很接近 0，并在 0 附近随机波动。

纯随机性检验也称白噪声检验，一般是构造检验统计量来检验序列的白噪声，常用的检验统计量有 Q 统计量、LB 统计量。由样本各延迟期数的自相关系数可以计算得到检验统计量，然后计算出对应的 p 值，如果 p 值明显大于显著性水平 α，则表示该序列不能拒绝纯随机的原假设，可以停止对该序列的分析。

6.3.3 分析平稳时间序列

ARMA 模型的全称是自回归移动平均模型，它是目前常用的平稳序列拟合模型。它是多元线性回归模型 AR 模型和 MA 模型的混合体。

1. 基本概念

（1）均值

对满足平稳性条件的 AR(p)模型的方程，两边取期望，得式（6-26）。

$$E(x_t) = E\left(\phi_0 + \phi_1 x_{t-1} + \phi_2 x_{t-2} + \cdots + \phi_p x_{t-p} + \varepsilon_t\right) \tag{6-26}$$

已知 $E(x_t) = \mu$，$E(\varepsilon_t) = 0$，所以有 $\mu = \phi_0 + \phi_1\mu + \phi_2\mu + \cdots + \phi_p\mu$，解得式（6-27）。

$$\mu = \frac{\phi_0}{1 - \phi_1 - \phi_2 - \cdots - \phi_p} \tag{6-27}$$

（2）方差

平稳 AR(p)模型的方差有界，等于常数。

（3）自相关系数

平稳 AR(p)模型的自相关系数（Autocorrelation Function，ACF）$\rho_k = \rho(t, t-k) = \dfrac{\mathrm{cov}(X_t, X_{t-k})}{\sigma_t \sigma_{t-k}}$ 呈指数级衰减，始终有非零取值，不会在 k 大于某个常数之后就恒等于 0，这就表明平稳 AR(p)模型的自相关系数 ρ_k 具有拖尾性。

（4）偏自相关系数

对于一个平稳 AR(p)模型，求出延迟 k 期后的自相关系数 ρ_k 时，实际上得到的并不是 X_t 与 X_{t-k} 之间单纯的相关关系。因为 X_t 同时会受到中间 $k-1$ 个随机变量 $X_{t-1}, X_{t-2}, \cdots, X_{t-k+1}$ 的影响，所以自相关系数 ρ_k 里实际上掺杂了其他变量对 X_t 与 X_{t-k} 的相关影响。为了单纯地测度 X_{t-k} 对 X_t 的影响，引入偏自相关系数（Partial Correlation Function，PACF）的概念。

（5）截尾与拖尾

截尾是指时间序列的自相关系数或偏自相关系数在某阶段后均为 0 的性质；拖尾是指

自相关系数或偏自相关系数并不在某阶段后均为 0 的性质。

2. AR 模型

具有式（6-28）所示结构的模型称为 p 阶自回归模型，简记为 AR(p)。

$$x_t = \phi_0 + \phi_1 x_{t-1} + \phi_2 x_{t-2} + \cdots + \phi_p x_{t-p} + \varepsilon_t \quad （6\text{-}28）$$

即在 t 时刻的随机变量 X_t 的取值 x_t 是前 P 期 $x_{t-1}, x_{t-2}, \cdots, x_{t-p}$ 的多元线性回归，误差项是当期的随机干扰 ε_t，为零均值白噪声序列。该模型认为 x_t 主要是受过去 P 期的序列值的影响。

平稳 AR(p)模型的性质如表 6-20 所示。

表 6-20　平稳 AR(p)模型的性质

统计量	性质	统计量	性质
均值	常数	自相关系数	拖尾
方差	常数	偏自相关系数	p 阶截尾

3. MA 模型

具有式（6-29）所示结构的模型称为 q 阶移动平均模型，简记为 MA(q)。

$$x_t = \mu + \varepsilon_t - \theta_1 \varepsilon_{t-1} - \theta_2 \varepsilon_{t-2} - \cdots - \theta_q \varepsilon_{t-q} \quad （6\text{-}29）$$

即在 t 时刻的随机变量 X_t 的取值 x_t 是前 q 期的随机扰动 $\varepsilon_{t-1}, \varepsilon_{t-2}, \cdots\cdots, \varepsilon_{t-q}$ 的多元线性函数，误差项是当期的随机干扰 ε_t，为零均值白噪声序列，μ 是序列 $\{X_t\}$ 的均值。该模型认为 x_t 主要受过去 q 期的误差项的影响。

平稳 MA(q)模型的性质如表 6-21 所示。

表 6-21　平稳 MA(q)模型的性质

统计量	性质	统计量	性质
均值	常数	自相关系数	q 阶截尾
方差	常数	偏自相关系数	拖尾

4. ARMA 模型

具有式（6-30）所示结构的模型称为自回归移动平均模型，简记为 ARMA(p,q)。

$$x_t = \phi_0 + \phi_1 x_{t-1} + \phi_2 x_{t-2} + \cdots + \phi_p x_{t-p} + \varepsilon_t - \theta_1 \varepsilon_{t-1} - \theta_2 \varepsilon_{t-2} - \cdots - \theta_q \varepsilon_{t-q} \quad （6\text{-}30）$$

即在 t 时刻的随机变量 X_t 的取值 x_t 是前 P 期 $x_{t-1}, x_{t-2}, \cdots, x_{t-p}$ 和前 q 期 $\varepsilon_{t-1}, \varepsilon_{t-2}, \cdots, \varepsilon_{t-q}$ 的多元线性函数，误差项是当期的随机干扰 ε_t，为零均值白噪声序列。该模型认为 x_t 主要受过去 P 期的序列值和过去 q 期的误差项的共同影响。

特别地，当 $q = 0$ 时，是 AR(p,q)模型；当 $p = 0$ 时，是 MA(p,q)模型。

平稳 ARMA(p,q)模型的性质如表 6-22 所示。

表 6-22　平稳 ARMA(p,q)模型的性质

统计量	性质	统计量	性质
均值	常数	自相关系数	拖尾
方差	常数	偏自相关系数	拖尾

5. 平稳时间序列建模

某个时间序列经过预处理，被判定为平稳非白噪声序列后，就可以利用 ARMA 模型进行建模。计算出平稳非白噪声序列 $\{X_t\}$ 的自相关系数和偏自相关系数，再由 AR(p)、MA(q)和 ARMA(p,q)模型的自相关系数和偏自相关系数的性质，选择合适的模型。平稳时间序列建模步骤如图 6-18 所示。

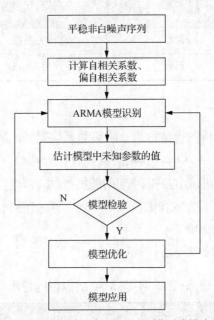

图 6-18　平稳时间序列 ARMA 模型建模步骤

（1）计算自相关系数和偏自相关系数。先计算平稳非白噪声序列的自相关系数和偏自相关系数。

（2）ARMA 模型识别，也称为模型定阶，由 AR(p)、MA(q)和 ARMA(p,q)模型的自相关系数和偏自相关系数的性质，选择合适的模型。识别的原则如表 6-23 所示。

表 6-23　ARMA 模型识别原则

模型	自相关系数	偏自相关系数
AR(p)	拖尾	p 阶截尾
MA(q)	q 阶截尾	拖尾
ARMA(p,q)	p 阶拖尾	q 阶拖尾

（3）估计模型中未知参数的值。

（4）模型检验。对模型的效果进行评估检验。

（5）模型优化。优化模型的参数。

（6）模型应用。进行短期预测。

6.3.4　分析非平稳时间序列

实际上，在自然界中绝大部分的时间序列都是非平稳的。因而对非平稳时间序列的分析更普遍、更重要，据此创造出来的分析方法也更多。

对非平稳时间序列的分析方法可以分为确定性因素分解方法和随机时序分析方法两大类。

确定性因素分解方法将所有序列的变化都归结为 4 个因素（长期趋势、季节变动、循环变动和随机波动）的综合影响，其中长期趋势和季节变动的规律性信息通常比较容易提取，而由随机因素导致的波动则非常难以确定和分析，随机信息浪费严重，会导致模型拟合精度不够理想。

随机时序分析方法的发展就是为了弥补确定性因素分解方法的不足。根据时间序列的不同特点，随机时序分析方法可以建立的模型有 ARIMA 模型、残差自回归模型、季节模型、异方差模型等。本小节重点介绍使用 ARIMA 模型对非平稳时间序列进行建模。

1.　差分运算

差分运算具有强大的确定性信息提取能力，许多非平稳序列差分后会显示出平稳序列的性质，这时称这个非平稳序列为差分平稳序列。常用的差分运算分为 p 阶差分运算和 k 步差分运算两种。

（1）p 阶差分运算。相距 p 期的两个序列值之间的减法运算称为 p 阶差分运算。

（2）k 步差分运算。相距 k 期的两个序列值之间的减法运算称为 k 步差分运算。

2.　ARIMA 模型

对差分平稳时间序列可以使用 ARIMA 模型进行拟合。ARIMA 模型的实质就是差分运算与 ARMA 模型的组合，掌握了 ARMA 模型的建模方法和步骤以后，对序列建立 ARIMA 模型是比较简单的。

差分平稳时间序列建模步骤如图 6-19 所示。

随着交通网络的发展，对于某公交车站点每天某时间段的上车人次的预测可以看作基于时间序列的短期数据预测，预测对象为具体的每天某时间段上车人次。下面参考差分平稳时间序列建模步骤，对 58 天内的上车人次数据构建 ARIMA 模型。公交车站点每天上车人次的部分数据如表 6-24 所示。

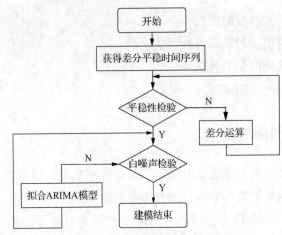

图 6-19　差分平稳时间序列建模步骤

表 6-24　公交车站点每天上车人次的部分数据

日期	人次	日期	人次
2018/1/1	325	2018/1/6	352
2018/1/2	328	2018/1/7	362
2018/1/3	335	2018/1/8	341
2018/1/4	323	2018/1/9	330
2018/1/5	347	2018/1/10	363

（1）查看时间序列平稳性

通过时间序列的时序图和自相关图可以查看时间序列平稳性。

使用 statsmodels 库中的 tsa 模块的 plot_acf 函数可以绘制自相关图，其基本使用格式如下。

```
statsmodels.tsa.stattools.plot_acf(x, ax = None, lags = None, *, alpha = 0.05,
use_vlines = True, unbiased = False, fft = False, missing = 'none', title =
'Autocorrelation', zero = True, vlines_kwargs = None, **kwargs)
```

plot_acf 函数常用的参数及其说明如表 6-25 所示。

表 6-25　plot_acf 函数常用的参数及其说明

参数名称	参数说明
x	接收 array_like。表示时间序列。无默认值
lags	接收 int、array_like。表示滞后值。默认为 None
alpha	接收 float。表示给定级别的置信区间。默认为 0.05
unbiased	接收 bool。表示是否用 FFT 计算自相关系数。默认为 False
fft	接收 bool。表示通过 FFT 计算自相关系数。默认为 False
missing	接收 str。表示如何处理缺失值。默认为 none

续表

参数名称	参数说明
title	接收 str。表示标题。默认为 Autocorrelation
zero	接收 bool。表示是否包括 0 滞后自相关。默认为 True

为原始序列绘制时序图和自相关图,查看时间序列平稳性,如代码 6-8 所示。

代码 6-8　绘制时序图和自相关图查看时间序列的平稳性

```python
import pandas as pd
data = pd.read_csv('../data/bus_data.csv')


# 时序图
import matplotlib.pyplot as plt
plt.rcParams['font.sans-serif'] = ['SimHei']   # 用于正常显示中文标签
plt.rcParams['axes.unicode_minus'] = False      # 用于正常显示负号
plt.plot(data['日期'], data['人次'])
plt.gca().xaxis.set_major_locator(ticker.MultipleLocator(10))
plt.xticks(rotation = 45)
plt.xlabel('日期')
plt.ylabel('人次/人')
plt.tight_layout()
plt.show()


# 自相关图
from statsmodels.graphics.tsaplots import plot_acf
data = data['人次']
plot_acf(data)
plt.xlabel('日期索引')
plt.ylabel('自相关系数')
plt.title('自相关图')
plt.show()
```

原始序列的时序图如图 6-20 所示,原始序列的自相关图如图 6-21 所示。

从图 6-20 可以看出,时序图显示该序列具有波动递增的趋势,可以判断其是非平稳序列;从图 6-21 可以看出,自相关图显示自相关系数(纵坐标)有明显递减趋势,说明序列间具有很强的长期相关性。

(2)单位根检验

单位根检验是指检验序列中是否存在单位根,若存在单位根就表明序列是非平稳时间序列。单位根检验可以检验时间序列的平稳性。

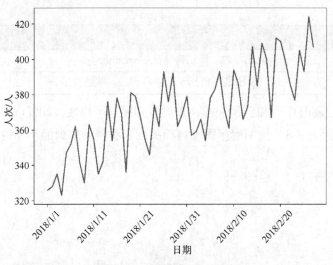

图 6-20　原始序列的时序图

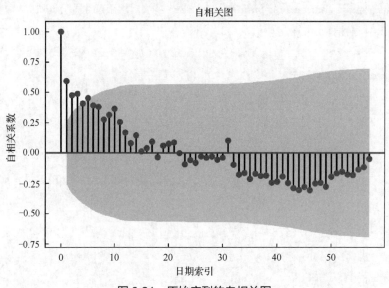

图 6-21　原始序列的自相关图

使用 statsmodels 库中的 tsa 模块的 adfuller 函数可以对原始序列进行单位根检验，查看序列的平稳性，其基本使用格式如下。

```
statsmodels.tsa.stattools.adfuller(x, maxlag = None, regression = 'c', autolag
= 'AIC', store = False, regresults = False)
```

adfuller 函数常用的参数及其说明如表 6-26 所示。

表 6-26　adfuller 函数常用的参数及其说明

参数名称	参数说明
x	接收 array_like。表示要检验的时间序列。无默认值
maxlag	接收 int。表示最大滞后数目。默认为 None

续表

参数名称	参数说明
regression	接收 str。表示回归中的包含项（c——只有常数项；ct——常数项和趋势项；ctt——常数项和线性二次项；nc——没有常数项和趋势项）。默认为 c
autolag	接收 str。表示自动选择滞后数目（AIC——赤池信息准则；BIC——贝叶斯信息准则；t-stat——基于 maxlag，从 maxlag 开始使用 5%大小的测试来降低延迟，直到最后一个滞后长度的统计量大于给定的显著性水平；None——使用 maxlag 指定的滞后）。默认为 AIC
store	接收 bool。表示是否将结果实例另外返回到 ADF 统计信息。默认为 False
regresults	接收 bool。表示是否将完整的回归结果返回。默认为 False

对原始序列进行单位根检验，如代码 6-9 所示。

代码 6-9　单位根检验

```
from statsmodels.tsa.stattools import adfuller as ADF
print('原始序列的 ADF 检验结果为：', ADF(data))
```

原始序列的单位根检验结果如表 6-27 所示。

表 6-27　原始序列的单位根检验结果

ADF	cValue			p 值
	1%	5%	10%	
−0.59	−3.574	−2.923	−2.600	0.872

单位根检验统计量对应的 p 值显著大于 0.05，可以判断该序列为非平稳序列（非平稳序列一定不是白噪声序列）。

（3）对原始序列进行一阶差分

使用 pandas 库中的 DataFrame 模块的 diff()方法可以实现对原始序列进行差分运算，其基本使用格式如下。

```
pandas.DataFrame.diff(periods=1, axis=0)
```

diff()方法常用的参数及其说明如表 6-28 所示。

表 6-28　diff()函数常用的参数及其说明

参数名称	参数说明
periods	接收 int。表示差分周期。默认为 1
axis	接收 int、str。表示对行还是列差分。默认为 0

下面对原始序列进行一阶差分，并绘制时序图和自相关图，如代码 6-10 所示。

代码 6-10　一阶差分并绘制时序图和自相关图

```
D_usage = data.diff().dropna()
D_usage.plot()  # 时序图
```

```
plt.xlabel('差分后的日期索引')
plt.ylabel('人次/人')
plt.show()
plot_acf(D_usage)
plt.xlabel('差分后的日期索引')
plt.ylabel('自相关系数')
plt.title('自相关图')
plt.show()
```

一阶差分之后序列的时序图如图 6-22 所示，一阶差分之后序列的自相关图如图 6-23 所示，可查看一阶差分时间序列的平稳性和自相关性。

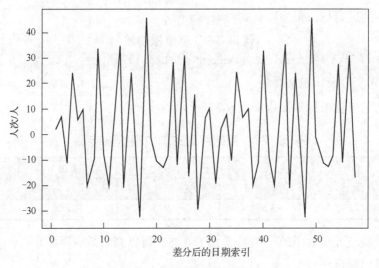

图 6-22 一阶差分之后序列的时序图

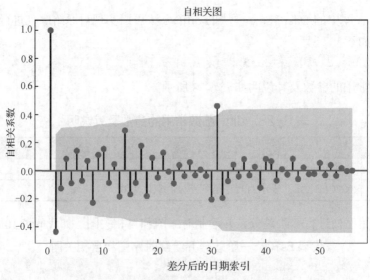

图 6-23 一阶差分之后序列的自相关图

由图 6-22 可知，原始序列一阶差分后的趋势呈现一定的波动性，序列属于平稳序列；由图 6-23 可知，自相关系数递减的趋势逐渐趋向于平稳，所以差分后的序列属于平稳序列。

（4）一阶差分后序列的单位根检验（平稳性）和白噪声检验

使用 statsmodels 库中的 stats 模块的 acorr_ljungbox 函数可以检测一阶差分后的序列是否为白噪声序列，其基本使用格式如下。

```
statsmodels.stats.diagnostic.acorr_ljungbox（x, lags = None, boxpierce = False,
model_df = 0, period = None, return_df = None）
```

acorr_ljungbox 函数常用的参数及其说明如表 6-29 所示。

表 6-29　acorr_ljungbox 函数常用的参数及其说明

参数名称	参数说明
x	接收 array_like。表示时间序列。无默认值
lags	接收 int。表示滞后数目。默认为 None
boxpierce	接收 bool。表示是否返回 Box-Pierce 测试结果。默认为 False
model_df	接收 int。表示模型消耗的自由度数。默认为 0
period	接收 int。表示季节性时间序列的周期。默认为 None

下面对一阶差分后的序列进行单位根检验和白噪声检验，如代码 6-11 所示。

代码 6-11　单位根检验和白噪声检验

```
# 单位根检验
print('差分序列的 ADF 检验结果为：', ADF(D_usage))
# 白噪声检验
from statsmodels.stats.diagnostic import acorr_ljungbox
print('差分序列的白噪声检验结果为：', acorr_ljungbox(D_usage, lags=1))  # 返回统计量和 p 值
```

一阶差分之后序列的单位根检验结果如表 6-30 所示，白噪声检验结果如表 6-31 所示。

表 6-30　一阶差分之后序列的单位根检验结果

ADF	cValue			p 值
	1%	5%	10%	
−4.7544	−3.57	−2.92	2.60	0.00006

单位根检验的结果显示，一阶差分之后的序列的时序图在均值附近比较平稳地波动，自相关图有很强的短期相关性，单位根检验 p 值小于 0.05，所以一阶差分之后的序列是平稳序列。

表 6-31　一阶差分之后序列的白噪声检验结果

stat	p 值
11.35	0.0007

白噪声检验的结果显示，p 值远小于 0.05，所以一阶差分之后的序列是平稳非白噪声序列。

（5）对 ARIMA 模型定阶

下面读取训练后 ARIMA 模型的 bic 属性值进行模型定阶。模型定阶的过程就是确定 p 和 q。当 p 和 q 均小于等于 3 时，计算 ARMA(p,q) 中所有组合的 BIC（Bayesian Information Criterion，贝叶斯信息准则）信息量，取其中 BIC 信息量最小的模型阶数，如代码 6-12 所示。

代码 6-12　模型定阶

```
from statsmodels.tsa.arima_model import ARIMA
# 定阶
usage = usage.astype(float)
pmax = 3
qmax = 3
bic_matrix = []  # BIC 矩阵
for p in range(pmax+1):
    tmp = []
    for q in range(qmax+1):
        try:  # 存在部分报错，所以用try来跳过报错
            tmp.append(ARIMA(data, (p,1,q)).fit().bic)
        except:
            tmp.append(None)
    bic_matrix.append(tmp)
bic_matrix = pd.DataFrame(bic_matrix)  # 从中可以找出最小值
print(bic_matrix)
```

运行代码 6-12 得到的结果如下。

```
            0           1           2           3
0  513.627546  483.519876         NaN         NaN
1  505.740861  487.500642  490.129611  494.171643
2  500.768185  490.854102  493.751644  494.453746
3  501.862561  494.880327         NaN         NaN
```

当 p 值为 0、q 值为 1 时，最小 BIC 值为 483.519876。p、q 定阶完成。

（6）ARIMA 模型预测

① 使用 statsmodels 库中的 tsa 模块的 ARIMA 类可以设置时间序列模型的参数，创建 ARIMA 时间序列模型，其基本使用格式如下。

```
class statsmodels.tsa.arima_model.ARIMA(endog, order, exog = None, dates = None,
freq = None, missing = 'none')
```

ARIMA 类常用的参数及其说明如表 6-32 所示。

表 6-32　ARIMA 类常用的参数及其说明

参数名称	参数说明
order	接收 str。表示模型的参数（p，d，q）的顺序。无默认值
dates	接收 array_like。表示日期。默认为 None
freq	接收 str。表示时间序列的频率。默认为 None

② 使用 statsmodels 库中的 tsa 模块的 forecast()方法可以对得到的时间序列模型进行预测，其基本使用格式如下。

```
statsmodels.tsa.arima_model.ARIMAResults.forecast(steps = 1, exog = None,
alpha = 0.05)
```

forecast()方法常用的参数及其说明如表 6-33 所示。

表 6-33　forecast()方法常用的参数及其说明

参数名称	参数说明
steps	接收 int。表示从开始到结束的样本预测数。默认为 1
alpha	接收 float。表示给定级别的置信区间。默认为 0.05

下面应用 ARIMA(0,1,1)模型对未来 10 天的上车人次进行预测，如代码 6-13 所示，结果如表 6-34 所示。

代码 6-13　预测未来 10 天的上车人次

```
p,q = bic_matrix.stack().idxmin()  # 先用 stack()方法展平，然后用 idxmin()方法找出
最小值位置
print('BIC 最小的 p 值和 q 值为：%s、%s' %(p,q))
model = ARIMA(data, (p,1,q)).fit()  # 建立 ARIMA(0, 1, 1)模型
print('模型报告为：\n', model.summary2())
print('预测未来 10 天的上车人次，其预测结果、标准误差、置信区间如下。\n', model.
forecast(10))
```

表 6-34　预测未来 10 天的上车人次

预测天数	人次/人	预测天数	人次/人
1	405	6	410
2	406	7	411
3	407	8	413
4	408	9	413
5	409	10	415

需要说明的是，利用模型向前预测的时间越长，预测误差将会越大，这是时间预测的典型特点。

小结

本章主要根据数据挖掘的应用分类，重点介绍了对应的数据挖掘建模方法及实现过程。通过对本章的学习，读者可在以后的数据挖掘过程中采用适当的算法并按所讲解的步骤实现综合应用。

本章中数据挖掘技术的基本任务主要体现在分类与回归、聚类、时间序列模型 3 个方面。6.1 节主要介绍了决策树和人工神经网络两个分类模型、回归分析预测模型及其实现过程；6.2 节主要介绍了 K-Means 聚类算法和 DBSCAN 聚类算法；6.3 节从序列的平稳性和非平稳性出发，对平稳时间序列建立了 ARMA 模型，对差分平稳序列建立了 ARIMA 模型，应用这两个模型对相应的时间序列进行研究，找寻变化发展的规律，预测将来的走势。

课后习题

1. 选择题

（1）下列不属于分类算法的是（　　）。

　A. C4.5 算法　　B. 逻辑回归　　C. KNN 算法　　D. TF-TDF 算法

（2）人工神经网络的结构包括（　　）。

　A. 输入层　　B. 传导层　　C. 隐藏层　　D. 输出层

（3）以下算法中对缺失值敏感的有（　　）。

　A. 逻辑回归　　B. SVM 算法　　C. CART 决策树　　D. 朴素贝叶斯

（4）对于 K-Means 聚类算法，下列说法正确的是（　　）。

　A. 初始聚类中心的选择对聚类结果影响不大

　B. 需事先给定聚类数 k

　C. 对噪声和孤立数据敏感

　D. 是一种无监督学习算法

（5）平稳性检验的方法有（　　　）。

　　A．时序图检验　　B．怀特检验　　　　C．单位根检验　　　　　D．自相关图检验

2．操作题

人均消费水平是指一定时期（月、年）内平均每人占有和享受的物质生活资料和服务的数量。它是一个国家整个经济活动成果的最终体现，也是反映人民物质和文化生活需要的满足程度。某地区 1959 年 1 月到 2013 年 5 月，每月的人均消费水平的部分数据如表 6-35 所示。

表 6-35　人均消费水平数据

日期	消费水平/元	日期	消费水平/元
1959/1/1	40.656	1959/5/1	40.485
1959/2/1	40.224	1959/6/1	40.649
1959/3/1	40.205	1959/7/1	41.062
1959/4/1	40.409	1959/8/1	40.962

（1）绘制时间序列的时序图和自相关图，对数据进行单位根检验，查看数据的平稳性。

（2）对原始序列进行差分并绘制差分后的时序图和自相关图。

（3）对差分后的数据进行平稳性和白噪声检验。

（4）对 ARIMA 模型进行定阶，并根据确定好的 P、q 建立 ARIMA 模型，对未来 5 个月的人均消费进行预测。

第 7 章 运输车辆驾驶行为分析

出行与人类繁衍生息相伴相生，是民生的重要组成部分。为民造福是立党为公、执政为民的本质要求。必须坚持在发展中保障和改善民生，不断实现人民对美好生活的向往。随着车联网技术的发展，目前大部分车辆上都装载了电子标签。借助无线射频等识别技术，可在信息网络平台上对车辆的属性信息、静态信息、动态信息等进行提取和有效利用。通过大数据技术分析，对驾驶行为进行实时、准确、高效的评价，可以实现对车辆的实时监管。这对提高道路运输过程的安全管理水平和运输效率有着重要意义。本章将对运输车辆的行车数据进行探索性分析，以及对相应驾驶行为进行聚类分析；最后构建驾驶行为预测模型，对运输车辆驾驶行为的安全性进行综合评价与判断。

学习目标

（1）了解驾驶行为分析案例的相关背景、数据说明和分析目标。
（2）掌握分布分析、相关性分析、异常值检测的分析方法。
（3）掌握驾驶行为的聚类分析方法。
（4）掌握驾驶行为预测模型的构建方法。

7.1 分析背景与目标

在运输企业中，每辆营运运输车辆所规定的运输路线及配备的驾驶人员是相对固定的。因此，分析运输车辆的行车数据即可反映驾驶员的对应驾驶行为。本小节主要介绍运输车辆驾驶行为分析案例的背景、数据说明和分析目标。

7.1.1 背景

智慧交通是我国交通强国的主攻方向之一。我国将推动互联网、大数据、人工智能与交通运输深度融合，加快车联网建设，构建以数据为关键要素的数字化、网络化、智能化的智慧交通体系。当下面临的主要交通问题包括停车位匮乏、道路堵塞和交通事故等。影响交通安全的因素主要包括以下几点。

（1）驾驶员的驾驶行为不规范。

（2）人们的交通安全意识比较薄弱。

（3）交通设施不完善。

（4）车辆自身存在的安全问题。

据统计，大多数的交通事故问题均由驾驶员的驾驶行为不规范引起。其中，疲劳驾驶、超速驾驶、急转弯、急加速等一系列异常驾驶行为是交通事故发生的主要原因，且这些异常驾驶行为通常难以有效地被检测出来。

随着车联网技术的日益成熟，目前大部分车辆中均会内置或外接传感器，以收集车辆行车数据，包括行驶速度、行驶加速度和连续行驶时间等关键数据，研究人员可以根据该数据研究运输车辆的异常驾驶行为。如何围绕车联网所采集的运输车辆行车数据，运用数据挖掘方法分析车辆行驶过程中驾驶行为对行车安全的影响，从而提高运输安全管理水平，已成为各运输企业所需要解决的重要问题之一。

7.1.2　数据说明

某运输企业采集到的 400 多辆运输车辆的行车数据主要记录了某时刻车辆的行驶状态，如车辆的行驶速度、车辆发动机所处状态、车辆当前所处位置的经纬度等。然而，通过这些数据无法直接对车辆的驾驶行为进行分析，无法直接判断哪些车辆是安全驾驶，哪些车辆是不良驾驶。

因此，需将车辆行车轨迹数据做进一步处理，这里构建了急加速、急减速、疲劳驾驶等 14 个驾驶行为指标，并将指标数据存放至 "车辆驾驶行为指标数据.csv" 文件中，构建后的车辆驾驶行为指标数据如表 7-1 所示。本章将以构建后的车辆驾驶行为指标数据为研究对象，探索和分析各种驾驶行为。

表 7-1　驾驶行为指标数据

属性名称	说明
车辆编码	车牌的唯一编码，已脱敏
行驶里程/km	根据车辆设备编号的变化计算行驶里程，若设备号无变化，则当前阶段里程数=当前样本里程值-当前阶段里程起始值；若设备号变化，则将当前阶段里程数累加至总里程数中
平均速度/（km/h）	根据传感器记录的速度来计算平均速度，即求速度不为 0 时的速度均值
速度标准差	基于平均速度，标准化处理每辆车辆的速度
速度差值标准差	基于加速度，标准化处理每辆车辆的速度差值
急加速/次	按照行业经验预设，若车辆加速度大于急加速阈值（10.8km/h），且前后间隔时间不超过 2s，则将其判定为急加速行为
急减速/次	按照行业经验预设，若车辆加速度小于急减速阈值（10.8km/h），且前后间隔时间不超过 2s，则将其判定为急减速行为

续表

属性名称	说明
疲劳驾驶/次	根据道路运输行业相关法规和规范，驾驶人在 24 小时内累计驾驶时间超过 8 小时；连续驾驶时间超过 4 小时，且每次停车休息时间少于 20 分钟；夜间连续驾驶 2 小时的行为判定为疲劳驾驶行为
熄火滑行/次	假定车辆发动机的点火状态为关，且车辆经纬度发生了位移的情况称为熄火滑行
超长怠速/次	若车辆的发动机转速不为零且车速为零时，当持续的时间超过设定的阈值（60s）后，可将其视为超长怠速行为
急加速频率/（次/千米）	将急加速次数除以该车的行驶里程数，得到相应的频率
急减速频率/（次/千米）	将急减速次数除以该车的行驶里程数，得到相应的频率
疲劳驾驶频率/（次/千米）	将疲劳驾驶次数除以该车的行驶里程数，得到相应的频率
熄火滑行频率/（次/千米）	将熄火滑行次数除以该车的行驶里程数，得到相应的频率
超长怠速频率/（次/千米）	将超长怠速次数除以该车的行驶里程数，得到相应的频率

7.1.3 分析目标

本案例根据运输车辆驾驶行为分析的背景和业务需求，结合车辆驾驶行为指标数据，可以实现以下目标。

（1）对车辆驾驶行为进行聚类分析，挖掘运输车辆的不良驾驶行为。

（2）利用驾驶行为指标数据，预测行车安全类别。

运输车辆驾驶行为分析的总流程如图 7-1 所示，主要步骤如下。

（1）对驾驶行为数据进行分布分析、相关性分析、异常值检测等探索性分析。

（2）根据车辆驾驶行为指标数据对车辆驾驶行为进行聚类分析。

（3）构建驾驶行为预测模型，并进行预测评价。

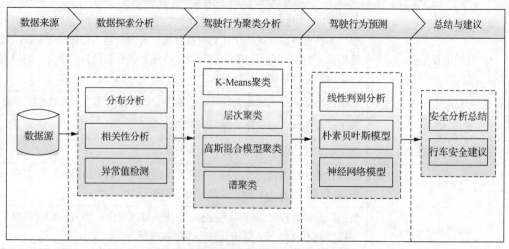

图 7-1　运输车辆驾驶行为分析总体流程

7.2 数据探索分析

根据已知数据集，在尽量少的先验假定下进行数据探索，通过查看数据分布规律、数据之间相关性等有助于确定如何有效地处理数据，以便更轻松地找出异常值、数据间的关系等。

7.2.1 分布分析

针对驾驶行为指标数据，使用 describe() 方法进行描述性统计分析，可以得到各个属性的基本情况，如总数、均值、方差、最小值、25%分位数、中位数、75%分位数、最大值等，并且通过使用 info() 方法查看各属性的数据类型，如代码 7-1 所示。

代码 7-1　查看数据的基本情况

```python
import pandas as pd
import matplotlib.pyplot as plt
import seaborn as sns
import warnings


warnings.filterwarnings('ignore')  # 忽略警告信息
# 读取数据
data = pd.read_csv('../data/车辆驾驶行为指标数据.csv', encoding='gbk')
print(data.describe())  # 查看数据的相关统计量 print(data.info())  # 查看数据类型
```

运行代码 7-1，得到的描述性统计结果如表 7-2 所示（注：描述性统计结果保留一位小数）。

表 7-2　描述性统计表

属性名称	样本总量	均值	标准差	最小值	25%分位数	中位数	75%分位数	最大值
行驶里程/km	448	2503.9	4230.6	−1408	851.5	1571.0	2736.8	65282.0
平均速度/(km/h)	448	48.9	12.2	15.2	40.3	47.4	56.8	86.1
速度标准差	448	19.0	5.3	6.4	15.1	17.4	23.7	29.9
速度差值标准差	448	2.2	1.0	0.4	1.85	2.1	2.3	19.9
急加速/次	448	31.0	507.6	0.0	1.0	3.0	6.0	10683.0
急减速/次	448	35.8	508.3	0.0	3.0	6.5	12.0	10700.0
疲劳驾驶/次	448	5.5	3.4	0.0	3.0	5.0	7.0	20.0
熄火滑行/次	448	17.4	20.0	0.0	5.0	13.0	25.0	277.0
超长怠速/次	448	134.7	76.5	3.0	81.5	124.5	175.0	479.0
急加速频率/（次/千米）	448	0.0	0.5	−0.0	0.0	0.0	0.0	11.0

属性名称	样本 总量	均值	标准差	最小值	25% 分位数	中位数	75% 分位数	最大值
急减速频率/ （次/千米）	448	0.0	0.5	−0.0	0.0	0.0	0.0	11.0
疲劳驾驶频率/ （次/千米）	448	0.0	0.0	−0.0	0.0	0.0	0.0	1.0
熄火滑行频率/ （次/千米）	448	0.0	0.1	−0.0	0.0	0.0	0.0	2.0
超长怠速频率/ （次/千米）	448	0.1	0.4	−0.0	0.0	0.0	0.0	7.2

由表 7-2 可知，数据中不存在缺失值，并且驾驶行为的量纲指标不统一，而为了后续分析方便，需要进行标准化处理。此外，疲劳驾驶、熄火滑行、超长怠速属性的分布极度不均衡，且行驶里程处于 75%的分位数值与最大值的差距过大，数据可能存在异常值。

运行代码 7-1，得到的各属性的数据类型结果如表 7-3 所示。

表 7-3　各属性的数据类型

属性名称	数据类型	属性名称	数据类型
车辆编码	object	熄火滑行/次	int64
行驶里程/km	int64	超长怠速/次	int64
平均速度/（km/h）	float64	急加速频率/（次/千米）	float64
速度标准差	float64	急减速频率/（次/千米）	float64
速度差值标准差	float64	疲劳驾驶频率/（次/千米）	float64
急加速/次	int64	熄火滑行频率/（次/千米）	float64
急减速/次	int64	超长怠速频率/（次/千米）	float64
疲劳驾驶/次	int64		

由表 7-3 可知，在驾驶行为数据中共有 8 个浮点类型的属性、6 个整型类型的属性、1 个字符类型的属性。

7.2.2　相关性分析

相关系数可以用于描述定量与变量之间的关系，初步判断因变量与解释变量之间是否具有相关性。当相关系数为 1 时，两个属性完全正相关；当相关系数为-1 时，两个属性完全负相关；当相关系数的绝对值小于 0.3 时，可忽略自变量的影响。利用 corr()方法计算出各属性两两之间的相关系数，并绘制相关系数热力图，能更直观地看出各属性之间的相关程度，如代码 7-2 所示。

代码 7-2　计算各属性间的相关系数并绘制其热力图

```
# 相关性分析
correlation = data.corr()
```

```
plt.rcParams['font.sans-serif'] = ['SimHei']
plt.rcParams['axes.unicode_minus'] = False
f , ax = plt.subplots(figsize=(7, 7))
plt.title('各属性相关系数热力图', fontsize=14)
sns.heatmap(correlation, square=True, vmax=1)  # vmax-热力图颜色取值的最大值，默
认会从数据集中推导
```

运行代码 7-2，所得的相关系数热力图如图 7-2 所示。

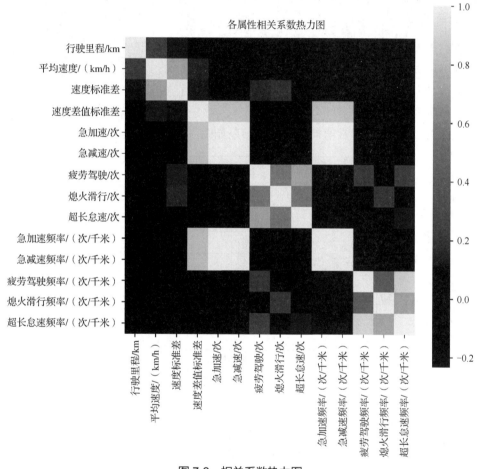

图 7-2　相关系数热力图

由图 7-2 可知，在车辆驾驶行为指标中，急加速与急加速频率、急减速与急减速频率、急加速频率与急减速频率、急加速与急减速等属性的相关系数大于 0.8（颜色越浅，相关系数越大），具有较强的相关关系，可根据其相关性进行聚类分析。

7.2.3　异常值检测

通过 7.2.1 小节中的描述性统计分析结果，发现疲劳驾驶、熄火滑行、超长怠速的分布

极度不平衡，而且行驶里程的标准差很大，处于 75%分位数和最大值的差距较为明显，说明该属性存在一定数据倾斜，即数据可能存在异常情况。对异常值进行检测的具体实现如代码 7-3 所示。

代码 7-3　异常值检测

```
data['行驶里程/km'].value_counts()  # 查看行驶里程分布
data['疲劳驾驶/次'].value_counts()   # 查看疲劳驾驶分布
data['熄火滑行/次'].value_counts()   # 查看熄火滑行分布
data['超长怠速/次'].value_counts()   # 查看超长怠速分布
# 绘制箱线图
data.boxplot(['行驶里程/km'])
data.boxplot(['疲劳驾驶/次'])
data.boxplot(['熄火滑行/次'])
data.boxplot(['超长怠速/次'])
```

运行代码 7-3，进行异常值检测的部分结果如图 7-3 和图 7-4 所示。

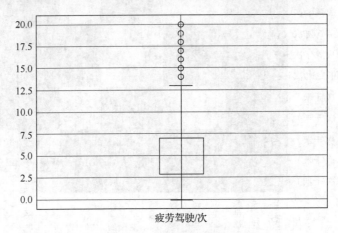

图 7-3　疲劳驾驶箱线图

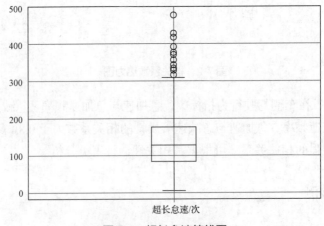

图 7-4　超长怠速箱线图

148

由图 7-3 和图 7-4 可知，数据中存在异常数据，说明存在一些不良的驾驶行为数据，且该数据符合本案例的分析方向。因此，为保证后续的分析结果，此处不对异常数据做处理。

7.3　驾驶行为聚类分析

接下来需要对数据进行进一步挖掘，获取没有规律的、错综复杂的样本数据的分布状况，观察每一簇数据的特征，集中对特定的簇进一步分析，使这些数据能够反映出一定的规律性或特殊的分类性。本案例为了查看车辆驾驶行为主要有哪些类别，将分别采取 K-Means 聚类、层次聚类、高斯混合模型聚类、谱聚类的方法进行聚类分析，并对比不同方法下各聚类效果的好坏。

在进行聚类分析之前，通常需要先将数据标准化，目的是将不同规模和量纲的数据经过处理，缩放到相同的数据区间和范围，以减少规模、特征、分布差异等对模型的影响。在本案例中，由于各指标量纲差距较大，故先采用 Z-Score 标准化方法对数据进行标准化处理，使数据标准统一化。

7.3.1　K-Means 聚类

K-Means 是传统聚类分析中最常使用的方法，可以实现快速动态聚类。这里使用 K-Means 进行驾驶行为聚类分析，同时，为保证代码的复用性、简洁性，此处将创建聚类模型的代码封装至一个函数中，即该函数包含 K-Means 聚类、层次聚类、高斯混合模型聚类和谱聚类的聚类算法构建，以及车辆行驶标签的代码，如代码 7-4 所示。

代码 7-4　创建聚类模型与 K-Means 聚类算法实现代码

```
import pandas as pd
import numpy as np
import warnings
import matplotlib.pyplot as plt
from sklearn import cluster, mixture
from sklearn.neighbors import kneighbors_graph
from sklearn.preprocessing import StandardScaler


# 读取数据
data = pd.read_csv('../data/车辆驾驶行为指标数据.csv', encoding='gbk')
X = StandardScaler().fit_transform(data.iloc[:, 1:])  # 指标数据标准化


y_pre_com1 = []
```

```python
def model_(d, y_pre_com):
    # 创建聚类模型
    connectivity = kneighbors_graph(d, n_neighbors=10)
    connectivity = 0.5 * (connectivity + connectivity.T)
    # K值中心聚类
    kmeans = cluster.KMeans(n_clusters=3, random_state=123)
    # 层次聚类
    average_linkage = cluster.AgglomerativeClustering(linkage='average',
                                                      affinity='euclidean',
                                                      n_clusters=3,
                                                      connectivity=connectivity)
    # 高斯混合模型聚类
    gmm = mixture.GaussianMixture(n_components=3, random_state=123)
    # 谱聚类
    spectral = cluster.SpectralClustering(n_clusters=3, affinity=
'nearest_neighbors',random_state=123)
    # 聚类模型整合
    clustering_algorithms = (('K-Means', kmeans),
        ('Average linkage agglomerative clustering', average_linkage),
        ('GanssianMixture', gmm),
        ('Spectral clustering', spectral))
    # 预测行驶标签
    for i, (alg_name, algorithm) in enumerate(clustering_algorithms):
        with warnings.catch_warnings():
            warnings.simplefilter('ignore')
            algorithm.fit(d)
            if hasattr(algorithm, 'labels_'):
                y_pred = algorithm.labels_.astype(np.int)
            else:
                y_pred = algorithm.predict(d)
            y_pre_com.append(y_pred)
model_(X, y_pre_com1)
# 聚类分析
colors = ['blue','orange','green']    # 定义线条颜色
# K-Means 聚类
data['labels'] = y_pre_com1[0].tolist()
```

```
c0 = data.loc[data['labels'] == 0]
c1 = data.loc[data['labels'] == 1]
c2 = data.loc[data['labels'] == 2]
# 绘制图形
plt.scatter(c0['速度标准差'], c0['平均速度/（km/h）'], c=colors[0], marker='o',
label='簇 1')
plt.scatter(c1['速度标准差'], c1['平均速度/（km/h）'], c=colors[1], marker='s',
label='簇 2')
plt.scatter(c2['速度标准差'], c2['平均速度/（km/h）'], c=colors[2], marker='*',
label='簇 3')
plt.xlabel('速度标准差')
plt.ylabel('平均速度/（km/h）')
plt.legend(loc=2)
plt.title('K-Means 聚类')
plt.show()
print('K-Means 聚类簇 1 个数：', c0['labels'].count())
print('K-Means 聚类簇 2 个数：', c1['labels'].count())
print('K-Means 聚类簇 3 个数：', c2['labels'].count())
```

运行代码 7-4，所得到的聚类结果如图 7-5 所示。

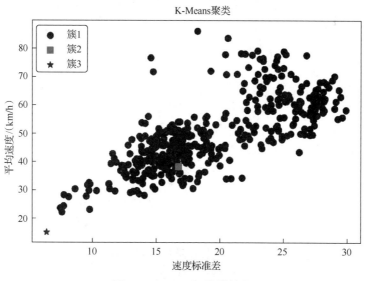

图 7-5　K-Means 聚类结果

通过统计簇类个数，可知属于簇 1 的有 446 个，属于簇 2 的有 1 个，属于簇 3 的有 1 个，且由图 7-5 可知，K-Means 聚类结果为 3 类，但 K-Means 的聚类效果并不理想。

7.3.2　层次聚类

层次聚类算法是将数据集按不同粒度划分为一层一层的类，且后面一层生成的类是基于前面一层的结果而得到的。下面利用层次聚类算法对驾驶行为进行聚类分析。由于层次聚类算法的构建和驾驶行为的分类已在 7.3.1 小节完成，为更好地展示聚类效果，所以此处仅有聚类结果的展示代码，如代码 7-5 所示。

代码 7-5　层次聚类结果展示

```python
data['labels'] = y_pre_com1[1].tolist()
c0 = data.loc[data['labels'] == 0]
c1 = data.loc[data['labels'] == 1]
c2 = data.loc[data['labels'] == 2]
# 绘制图形
plt.scatter(c0['速度标准差'], c0['平均速度/（km/h）'], c=colors[0], marker='o',
label='簇 1')
plt.scatter(c1['速度标准差'], c1['平均速度/（km/h）'], c=colors[1], marker='s',
label='簇 2')
plt.scatter(c2['速度标准差'], c2['平均速度/（km/h）'], c=colors[2], marker='*',
label='簇 3')
plt.xlabel('速度标准差')
plt.ylabel('平均速度/（km/h）')
plt.legend(loc=2)
plt.title('层次聚类')
plt.show()
print('层次聚类簇 1 个数：', c0['labels'].count())
print('层次聚类簇 2 个数：', c1['labels'].count())
print('层次聚类簇 3 个数：', c2['labels'].count())
```

运行代码 7-5，所得到的层次聚类结果如图 7-6 所示。

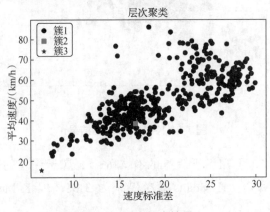

图 7-6　层次聚类结果

通过统计簇类个数，得到属于簇 1 的有 446 个，属于簇 2 的有 1 个，属于簇 3 的有 1 个，与 K-Means 聚类结果相似，且由图 7-6 可知，层次聚类的效果也不佳。

7.3.3　高斯混合模型聚类

K-Means 聚类算法无法将两个均值相同的类进行聚类，而高斯混合模型恰好解决了这一问题。而且高斯混合模型是通过选择最大化后验概率来完成聚类的，而不是判定完全属于某个类，因而又称为软聚类。尤其在各类尺寸不同、聚类间有相关关系时，高斯混合模型比 K-Means 聚类更合适。

使用高斯混合模型进行驾驶行为聚类分析，由于高斯混合模型的构建和驾驶行为的分类已在 7.3.1 小节完成，为更好地展示聚类效果，所以此处仅有聚类结果的展示代码，如代码 7-6 所示。

代码 7-6　高斯混合模型聚类结果展示

```python
data['labels'] = y_pre_com1[2].tolist()
c0 = data.loc[data['labels'] == 0]
c1 = data.loc[data['labels'] == 1]
c2 = data.loc[data['labels'] == 2]
# 绘制图形
plt.scatter(c0['速度标准差'], c0['平均速度/（km/h）'], c=colors[0], marker='o',
label='簇 1')
plt.scatter(c1['速度标准差'], c1['平均速度/（km/h）'], c=colors[1], marker='s',
label='簇 2')
plt.scatter(c2['速度标准差'], c2['平均速度/（km/h）'], c=colors[2], marker='*',
label='簇 3')
plt.xlabel('速度标准差')
plt.ylabel('平均速度/（km/h）')
plt.legend(loc=2)
plt.title('高斯混合模型聚类')
plt.show()
print('高斯混合模型聚类簇 1 个数: ', c0['labels'].count())
print('高斯混合模型聚类簇 2 个数: ', c1['labels'].count())
print('高斯混合模型聚类簇 3 个数: ', c2['labels'].count())
```

运行代码 7-6，所得到的聚类效果图如图 7-7 所示。

通过统计簇类个数，可知属于簇 1 的有 276 个，属于簇 2 的有 1 个，属于簇 3 的有 171 个，且由图 7-7 可知，高斯混合模型的聚类效果较 K-Means 聚类和层次聚类的效果有了进一步的提高，但整体的聚类效果依然欠佳。

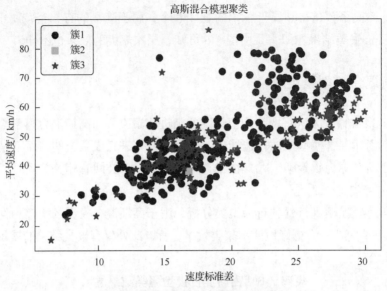

图 7-7　高斯混合模型聚类效果图

7.3.4　谱聚类

　　谱聚类是广泛使用的一种聚类算法，相比于传统的 K-Means 聚类算法，谱聚类对数据分布的适应性更强，计算量更小，其效果更好。下面使用谱聚类进行驾驶行为聚类分析。由于谱聚类算法的构建和驾驶行为的分类已在 7.3.1 小节完成，为更好地展示聚类效果，所以此处仅有聚类结果的展示代码，如代码 7-7 所示。

代码 7-7　谱聚类结果展示

```
data['labels'] = y_pre_com1[3].tolist()
c0 = data.loc[data['labels'] == 0]
c1 = data.loc[data['labels'] == 1]
c2 = data.loc[data['labels'] == 2]
# 绘制图形
plt.scatter(c0['速度标准差'], c0['平均速度/（km/h）'], c=colors[0], marker='o',
label='簇1')
plt.scatter(c1['速度标准差'], c1['平均速度/（km/h）'], c=colors[1], marker='s',
label='簇2')
plt.scatter(c2['速度标准差'], c2['平均速度/（km/h）'], c=colors[2], marker='*',
label='簇3')
plt.xlabel('速度标准差')
plt.ylabel('平均速度/（km/h）')
plt.legend(loc=2)
plt.title('谱聚类1')
```

```
plt.show()
print('谱聚类簇 1 个数：', c0['labels'].count())
print('谱聚类簇 2 个数：', c1['labels'].count())
print('谱聚类簇 3 个数：', c2['labels'].count())
```

运行代码 7-7，所得到的谱聚类效果如图 7-8 所示。

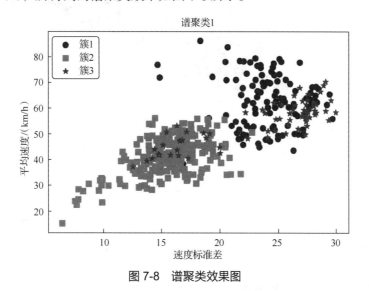

图 7-8　谱聚类效果图

通过统计簇类个数，可知属于簇 1 的有 113 个，属于簇 2 的有 262 个，属于簇 3 的有 73 个，且由图 7-8 可知，谱聚类效果较前面 3 种聚类方法的效果有了明显提高。蓝色（圆点形状）大部分在坐标轴的右上方，说明它们的平均速度和速度标准差都很大，可以将其归类为激进型，但橙色（正方形形状）和绿色（星星形状）混杂在了一起，无法清楚地进行分类，需要进一步分析。

本小节将提取熄火滑行频率、超长怠速频率、疲劳驾驶频率、急加速频率、急减速频率、速度标准差和速度差值标准差属性，按同样方法进行聚类分析（注：实现的代码与代码 7-7 相似，此处不再赘述，详细代码见"7.3 驾驶行为聚类分析.py"文件；同时，该文件末尾需将车辆驾驶行为指标和各车辆行驶标签写入到"new_data.csv"文件中，以便用于7.4 小节），得到的谱聚类效果如图 7-9 所示。

通过观察聚类后得到的结果数据和图 7-9 可以看出，驾驶行为能够较好地分成 3 个类别，其中橙色（正方形形状）代表的类别，在车辆速度标准差较小的情况下，其行驶过程中的平均速度也相对较小，可以将该类别行为判断为"稳健型驾驶"。由蓝色（圆点形状）代表的类别处于速度标准差较大，同时在行驶过程中的平均速度也较大的情形下，可以将这种类别行为判断为"激进型驾驶"。绿色（星星形状）所代表的类别，根据平均速度—疲劳驾驶频率的关系，发现平均速度保持为 40～60km/h 时，疲劳驾驶频率较高，而在这个平均速度区间可以看出绿色所代表的点集聚成一个类别，因此，可以将这类行为判断为"疲惫型驾驶"。

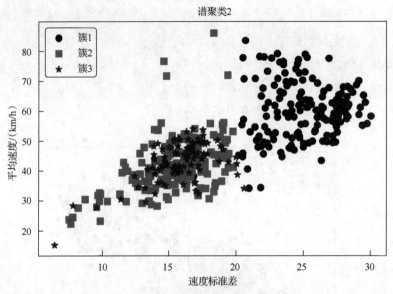

图 7-9　重新提取指标后的谱聚类效果

至此，利用谱聚类将驾驶行为分为 3 个类别，并且给每一样本贴上标签分别为稳健型（数值为 2）、激进型（数值为 1）和疲惫型（数值为 0）。

7.4 构建驾驶行为预测模型

上文根据车辆驾驶行为数据，将驾驶行为分为 3 类，分别为"疲惫型""激进型""稳健型"。而如何判定车辆驾驶行为属于哪种类型，则需要构建行车安全预测模型，并给出评价结果。与此同时，在构建预测模型之前，需先采用 Z-Score 标准化方法对数据进行标准化处理。

7.4.1 构建线性判别分析模型

线性判别分析（linear discriminant analysis，LDA）是一种较为经典的线性学习方法，其最早是由费希尔（Fisher）在 1936 年提出，又称为 Fisher 线性判别。LDA 的原理较为简单，即给定训练样例集，设法将样例投影到一条直线上，使得同类样本点的投影点尽可能接近，不同类样本点的投影点尽可能远离；在对新样本进行分类时，将其投影到同样的直线上，再根据投影点的位置来确定新样本的类别。

构建 LDA 模型，判定车辆驾驶行为的具体实现代码如代码 7-8 所示。

代码 7-8　线性判别分析实现代码

```
import pandas as pd
import numpy as np
import keras
```

```python
from sklearn.preprocessing import StandardScaler
from sklearn import preprocessing
from keras.models import Sequential
from keras.layers import Dense
from sklearn.naive_bayes import GaussianNB,BernoulliNB
from sklearn.model_selection import train_test_split
from sklearn.discriminant_analysis import LinearDiscriminantAnalysis


data = pd.read_csv('../tmp/new_data.csv', encoding='gbk')
# 构建 LDA 模型，并进行判别
yhat = data['labels']
X_no = data[['熄火滑行频率', '超长急速频率', '疲劳驾驶频率', '急加速频率',
             '急减速频率', '速度标准差', '速度差值标准差']].values
X2 = StandardScaler().fit_transform(X_no)
model = LinearDiscriminantAnalysis()
model.fit(X2, yhat)  # 拟合训练
print('预测精度为：', model.score(X2, yhat))  # 计算预测精度


lda_scores = model.fit(X2, yhat).transform(X2)
LDA_scores = pd.DataFrame(lda_scores, columns=['LD1', 'LD2'])
LDA_scores['species'] = yhat
d = {0: '疲惫', 1: '激进', 2: '稳健'}
LDA_scores['species'] = LDA_scores['species'].map(d)
```

　　运行代码 7-8 可知，使用 LDA 模型对不良驾驶行为类别进行预测的精度达到了 94.64%，由此可见，该模型的判别效果较为理想。

7.4.2　构建朴素贝叶斯模型

　　朴素贝叶斯分类算法是一种基于贝叶斯定理的简单概率分类算法，即存在各种不确定条件时，在仅知各个样本占总体的先验概率的情况下完成判别分类任务。该算法实现的前提是基于独立假设的，即假设样本每个特征与其他特征都不相关。朴素贝叶斯分类的思想是对于给出的待分类项 B，求解在待分类项已知的条件 A 下每个类别（k 个）出现的概率 $P(B_k|A)$，待分类项的类别属于概率最大的类别。根据分析，朴素贝叶斯分类流程如图 7-10 所示。

图 7-10　朴素贝叶斯分类流程

构建朴素贝叶斯模型，判定车辆驾驶行为的具体实现，如代码 7-9 所示。

代码 7-9　朴素贝叶斯判别分析实现代码

```python
# 构建朴素贝叶斯模型，并进行判别
X1 = data.drop(['labels'],axis=1)
y = data['labels']
def nb_fit(X1, y):
    classes = y.unique()
    class_count = y.value_counts()
    class_prior = class_count / len(y)
    prior = dict()
    for col in X1.columns:
        for j in classes:
            p_x_y = X1[(y == j).values][col].value_counts()
            for i in p_x_y.index:
                prior[(col, i, j)] = p_x_y[i] / class_count[j]
    return classes, class_prior, prior
nb_fit(X1, y)


x1 = X2
y1 = data.values[:, -1]
print('x = \n', x1)
print('y = \n', y1)
le = preprocessing.LabelEncoder()
le.fit([0, 1, 2])
print(le.classes_)
y1 = le.transform(y1)
print('Last Version, y = \n', y1)


# 先验为高斯分布的朴素贝叶斯模型
GN = GaussianNB()
GN.fit(x1,y1)
```

```
print('得分为：', GN.score(x1,y1))
# 先验为伯努利分布的朴素贝叶斯模型
BN=BernoulliNB()
BN.fit(x1,y1)
print('得分为：', BN.score(x1,y1))
```

通过运行代码 7-9 得到先验为伯努利分布的朴素贝叶斯模型的判对率为 92%，先验为高斯分布的朴素贝叶斯模型的判对率为 74%，说明该模型的判别效果较好。

7.4.3　构建神经网络模型

神经网络包括输入层、输出层与隐藏层，其主要特点为信号是前项传播的，误差是反向传播的。具体来说，神经网络过程主要分为两个阶段，第一阶段是信号的前向传播，从输入层经过隐含层，最后到达输出层；第二阶段是误差的反向传播，从输出层到隐含层，最后到输入层，依次调节隐含层到输出层的权重与偏置，输入层到隐含层的权重与偏置。神经网络算法的主要流程如下。

（1）随机初始化网络中的权值和偏置。

（2）将训练样本提供给输入层神经元，然后逐层将信号前传，直到产生输出层的结果，这一步一般称为信号向前传播。

（3）计算输出层误差，将误差逆向传播至隐层神经元，再根据隐层神经元误差来对权值和偏置进行更新，这一步一般称为误差向后传播。

（4）循环执行步骤（2）和步骤（3），直到达到某个停止条件，一般为训练误差小于设定的阈值或迭代次数大于设定的阈值。

下面构建神经网络模型，判定车辆驾驶行为的具体实现，如代码 7-10 所示。

代码 7-10　神经网络判别分析实现代码

```
X = StandardScaler().fit_transform(data.iloc[:, 1:-1])
target = data['labels']  # 标签
# 划分数据集
x_train, x_test, y_train, y_test = train_test_split(np.float32(X),
np.float32(target),test_size=0.2, random_state=123)
# 构建模型
model = Sequential()
model.add(Dense(10, activation='relu', input_dim=14))
model.add(Dense(3, activation='sigmoid'))
model.compile(optimizer='rmsprop',
              loss='categorical_crossentropy',
              metrics=['accuracy'])
```

```
labels = keras.utils.to_categorical(y_train, num_classes=3)
test_labels = keras.utils.to_categorical(y_test, num_classes=3)
# 模型训练与评价
model.fit(x_train, labels,validation_data=(x_test, test_labels), epochs=100,
batch_size=32)
```

通过代码 7-10 可知，在模型训练过程中，神经网络的学习速度较快，经训练后的神经网络，对不良驾驶行为类别的预测值与车辆驾驶行为的实际类别值的识别率高达到 96.67%，则表明神经网络模型用作判别不良驾驶行为分类是十分可行的。

7.5 驾驶行为分析总结与建议

通过驾驶行为聚类分析，可将驾驶行为分为 3 类，即疲惫型、激进型和稳健型。根据驾驶行为预测模型的评价结果，发现神经网络的判别效果较好，可将该模型应用到实际的不良驾驶行为判别中。

结合本案例的分析结果，可以说明驾驶员的驾驶习惯对行车安全有显著影响。为此，针对行车安全提出以下建议。

（1）稳定的开车速度能提升行车的安全状态。建议驾驶员少用急加速或急减速的方式驾驶车辆，速度尽量保持稳定，在可控的安全范围内提高行车安全。

（2）良好的驾驶习惯能减少车辆的耗油量。长时间怠速、熄火滑行等驾驶行为会增加油量消耗，为此应尽量避免此类行为的发生。

（3）疲劳驾驶和超速驾驶行为都是严重危害行车安全的不良驾驶行为，应尽量避免疲劳驾驶和超速驾驶。

小结

本章结合运输车辆驾驶行为分析案例，首先介绍了对数据进行数据探索性分析的内容，包括分布分析、相关性分析、异常值检测等；其次使用不同的聚类分析方法对行车安全驾驶行为进行了聚类分析；然后使用不同的判别分析模型进行了驾驶行为判别；最后对行车安全进行了分析与总结，并给出了行车安全建议。

课后习题

操作题

表 7-4 为一份判断西瓜好坏与否的数据集，请根据这份数据集，采用神经网络算法训练得到模型，判断西瓜的好坏。

表 7-4　西瓜数据集

编号	色泽	根蒂	敲声	纹理	脐部	触感	密度/（g/cm³）	含糖率	好瓜与否
1	青绿	蜷缩	浊响	清晰	凹陷	硬滑	0.697	0.46	是
2	乌黑	蜷缩	沉闷	清晰	凹陷	硬滑	0.774	0.376	是
3	乌黑	蜷缩	浊响	清晰	凹陷	硬滑	0.634	0.264	是
4	青绿	蜷缩	沉闷	清晰	凹陷	硬滑	0.608	0.318	是
5	浅白	蜷缩	浊响	清晰	凹陷	硬滑	0.556	0.215	是
6	青绿	稍蜷	浊响	清晰	稍凹	软黏	0.403	0.237	是
7	乌黑	稍蜷	浊响	稍糊	稍凹	软黏	0.481	0.149	是
8	乌黑	稍蜷	浊响	清晰	稍凹	硬滑	0.437	0.211	是
9	乌黑	稍蜷	沉闷	稍糊	稍凹	硬滑	0.666	0.091	否
10	青绿	硬挺	清脆	清晰	平坦	软黏	0.243	0.267	否
11	浅白	硬挺	清脆	模糊	平坦	硬滑	0.245	0.057	否
12	浅白	蜷缩	浊响	模糊	平坦	软黏	0.343	0.099	否
13	青绿	稍蜷	浊响	稍糊	凹陷	硬滑	0.639	0.161	否
14	浅白	稍蜷	沉闷	稍糊	凹陷	硬滑	0.657	0.198	否
15	乌黑	稍蜷	浊响	清晰	稍凹	软黏	0.360	0.370	否
16	浅白	蜷缩	浊响	模糊	平坦	硬滑	0.593	0.042	否
17	青绿	蜷缩	沉闷	稍糊	稍凹	硬滑	0.719	0.103	否

第 8 章 公交车站点设置优化分析

分析城市交通情况对城市规划、提高居民城市归属感、打造城市品牌有着至关重要的影响。大城市的可持续发展，应该立足当前、着眼长远，倡导绿色环保出行，大力发展城市公共交通，推动绿色发展。构建性能优良的交通系统工程，是解决城市交通拥堵的有效手段。本案例使用公交车载 GPS 数据模拟公交车站点，用公交刷卡数据以及模拟的公交车站点构建 OD（Origin-Destination）矩阵计算每个站点的上下车人数，分析每个站点上下车人数并据此提出公交车站点设置优化建议。

学习目标

（1）了解公交车站点现状。
（2）熟悉公交车站点优化的步骤与流程。
（3）掌握对公交车数据进行探索分析的方法。
（4）掌握对公交车数据进行预处理的方法。
（5）掌握对公交车数据进行属性规约的方法。
（6）掌握对公交车数据进行缺失值和冗余数据处理的方法。
（7）掌握构建 DBSCAN 模型确定公交车站点位置的方法。
（8）掌握如何计算上下车人数并提出公交车站点设置优化建议。

8.1　分析背景与目标

公交车作为城市交通的重要组成部分，对公交车站点设置进行优化，可以大大方便城市居民的日常出行，也有利于缓解城市交通拥堵现状。由此可见，优化公交车站点设置拥有极大的意义。本案例的分析背景和目标主要包含公交车站点设置优化的相关背景、所用数据集的数据说明以及案例的具体分析目标与相关流程。

8.1.1　背景

进入 21 世纪以来，我国城市公共交通飞速发展，然而随着社会经济的发展、城市的不断升级以及人民生活品质的提高，城市交通拥堵、出行不便等问题日益突出，严重损坏了市民日常的生活体验。公交服务水平是反映一个城市的整体规划是否合理的显著标志。对城市公交企业、公交管理部门及公交规划部门而言，传统的公交车站点规划、线路规划及公交换乘规划所依赖的数据主要来源于城市各主管部门的统计资料以及临时人工调查数据。在自动采集技术日益发达的今天，如果能经由公交车载 GPS 数据、公交刷卡数据等自动分析出居民的公交出行规律，并基于该需求对现有的公交车站点设置进行优化分析，将极大地提高传统公交规划、设计与管理的工作效率和工作质量。

　　某城市地处我国南部沿海地区，地理位置独特，是珠江三角洲区域的核心城市之一。随着社会经济迅速发展和城市规模不断扩大，全国各地的从业人员不断涌入，城市人口也随之不断增加，然而城市交通条件却赶不上人口和经济的发展，因此城市交通也逐渐成为阻碍该城市发展的重要因素。公交车是城市公共交通的主体，是城市居民日常出行的重要交通工具，关系到城市经济的发展。

8.1.2　数据说明

　　本案例以处理后的公交车载 GPS 数据集以及公交刷卡数据集为分析对象，两个数据集都包含 5 天的数据。其中公交车载 GPS 数据集包含位置（经纬度）、业务时间、卡片记录编码、线路名称等数据，公交刷卡数据集则包含当天 5 时～23 时的公交车刷卡数量，其中date 表示观测窗口开始后的天数，num 表示刷卡人数。部分公交车载 GPS 数据如表 8-1所示，部分公交刷卡数据如表 8-2 所示。

表 8-1　部分公交车载 GPS 数据

经度/度	纬度/度	业务时间	卡片记录编码	线路名称
113.8935	22.58519	2014/6/9 14:36	292454743	605 路
113.8928	22.58501	2014/6/9 8:04	281106596	605 路
113.8928	22.58501	2014/6/9 8:04	296203675	605 路
113.8928	22.58501	2014/6/9 8:04	281106596	605 路
113.8928	22.58501	2014/6/9 8:04	296203675	605 路
113.8863	22.60621	2014/6/9 10:03	323965411	605 路
113.8863	22.60621	2014/6/9 10:03	323965411	605 路

表 8-2　部分公交刷卡数据

date	num	date	num
5	4071	7	518115
6	165429	8	469911

续表

date	num	date	num
9	205860	17	347110
10	135525	18	498260
11	142079	19	281760
12	160236	20	189310
13	161496	21	167862
14	146176	22	69845
15	180355	23	12556
16	216280		

8.1.3　分析目标

结合公交车载 GPS 数据与公交刷卡数据，可以实现以下目标。

（1）基于公交车载 GPS 数据，构建 DBSCAN 模型来模拟公交车站点。

（2）基于公交刷卡数据，计算上车人数。

（3）基于模拟公交车站点与公交刷卡数据，计算下车人数。

本案例的分析流程如图 8-1 所示，主要包括以下 4 个步骤。

（1）获取公交车载 GPS 数据与公交刷卡数据。

（2）对数据进行探索分析，并进行属性规约、缺失值处理以及数据去重。

（3）基于预处理后的数据构建 DBSCAN 模型、计算 OD 矩阵。

（4）分析 OD 矩阵，对站点设置提出优化建议。

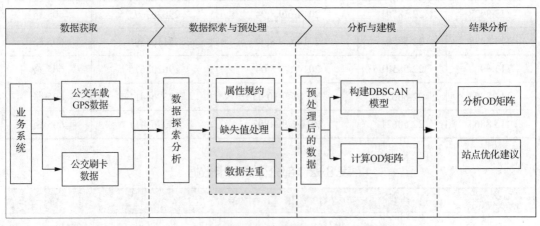

图 8-1　分析流程

8.2 探索公交刷卡数据

下面在公交刷卡数据的基础上, 抽样并绘制出 2014 年 6 月 9 日至 2014 年 6 月 13 日每个时间段中刷卡人数的折线图, 如代码 8-1 所示, 得到的折线图如图 8-2 所示。

代码 8-1 绘制刷卡人数时间分布折线图

```python
import pandas as pd
import os
import matplotlib.pyplot as plt

plt.figure(figsize=(8,4))
file_list = os.listdir("../data/time")
for file_name in file_list:
    if file_name.split(".")[-1] == "csv":
        df_time = pd.read_csv("../data/time/" + file_name)
        plt.plot(df_time["date"], df_time["num"], label=file_name)

plt.xticks([5,10,15,20],['5:00','10:00','15:00','20:00'])
plt.yticks([0,100000,200000,300000 ,400000,500000,600000],
        ['0','10','20','30','40','50','60'])
plt.rcParams['font.sans-serif'] = 'SimHei'  # 设置字体为 SimHei, 用于正常显示中文标签
plt.xlabel('时刻')
plt.ylabel('刷卡人数/万人')
plt.title('图例')
plt.legend(("2014-06-09","2014-06-10","2014-06-11","2014-06-12","2014-06-13"),loc=1)
```

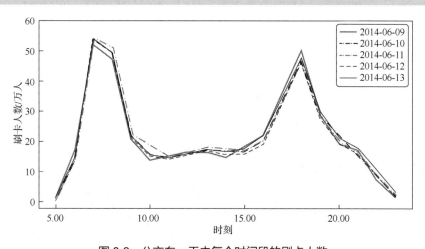

图 8-2 公交车一天内每个时间段的刷卡人数

由图 8-2 明显可以看出，公交车每天的刷卡人数都呈现出上下班两个高峰。

8.3　预处理公交车载 GPS 数据与刷卡数据

在进行建模分析前需对数据进行属性规约、缺失值处理、数据去重等操作，否则会对建模分析的结果造成影响，甚至得出相反的结论。以公交车站点模拟为例，为提高聚类模型的效果以及简化模型，删除线路号、GPS 速度等对站点模拟影响不明显的属性。

8.3.1　属性规约

在公交车载 GPS 原始数据中，对所有的列名进行修改，只保留经度、纬度、业务时间和车牌号这 4 个对分析有用的属性，删除海拔、记录时间、数据类型、线路号、子线号、到离站、GPS 速度、传感器速度、方向角和违规标准这 10 个属性。

据调查，在某城市中上车刷卡都是有优惠的，按不同的金额打不同的折，但是是否打折并不会影响后续计算上下车人数。所以在公交刷卡数据集中只保留交易时间、卡片记录、线路名称和车牌号这 4 个属性，删除其余与计算人数无关的交易金额、实际交易金额和公司名称这 3 个属性。

属性规约后的数据集如表 8-3 所示。

表 8-3　属性规约后的数据集

公交刷卡数据集				公交车载 GPS 数据集			
交易时间	卡片记录编码（已脱敏）	线路名称	车牌号	经度/度	纬度/度	业务时间	车牌号
2014/6/9 0:00	2***	860	75529	114.180000	22.638299	2014/6/9 0:00	75529
2014/6/9 0:08	2***	C415	F3347	114.180000	22.638399	2014/6/9 0:08	F3347
2014/6/9 0:00	3***	367	W2889	114.181999	22.639499	2014/6/9 0:00	W2889
2014/6/9 0:25	2***	K310	92370	114.182998	22.639999	2014/6/9 0:25	92370
2014/6/9 0:22	3***	861	80693	114.182998	22.639999	2014/6/9 0:22	80693

8.3.2　缺失值处理

由于原始数据量太大，所以预处理在 SQL Server 中完成。丢弃 2014 年 6 月 9 日的原始 GPS 数据集中经度为空、纬度为空、到离站为空的记录，只保留经度、纬度、业务时间和车牌号这 4 个属性，公交刷卡数据集中只保留交易时间、线路名称和车牌号这 3 个属性，并将这两个数据集合并，如代码 8-2 所示。其他日期的数据采用类似的方法处理，此处不再列出。

代码 8-2　数据预处理

```
delete from gjc_gps_20140609 where 到离站=''   /*删除到离站为空的值*/


/*创建空表，以便存储合并后的数据*/
```

```
CREATE TABLE gps_20140609(
经度 VARCHAR(MAX),
纬度 VARCHAR(MAX),
业务时间 VARCHAR(MAX),
卡片记录编码 VARCHAR(MAX),
线路名称 NVARCHAR(MAX),
车牌号 NVARCHAR(MAX),
)
insert into gps_20140609
select  经度,纬度,业务时间,卡片记录编码,线路名称,a.车牌号
from gjc_gps_20140609 a join GJC_SZT_20140609 b
on  a.车牌号=b.车牌号 and a.业务时间=b.交易时间


delete from gps_20140609 where 经度='' and  纬度=''


select * from gps_20140609
```

8.3.3 数据去重

将预处理后得到的每日 GPS 数据保存到"gps"文件夹下。因为公交刷卡数据和公交车载 GPS 数据合并后有重复的记录,所以要进行去重,如代码 8-3 所示。

代码 8-3 数据去重

```python
import os
import pandas as pd

# 基于业务时间、卡片记录编码、车牌号,对数据去重
file_input = os.listdir("../data/gps")
file_output = ['gps_new_20140609.csv','gps_new_20140610.csv',
               'gps_new_20140611.csv','gps_new_20140612.csv',
'gps_new_20140613.csv']
for i in range(5):
    gps = pd.read_csv("../data/gps/" + file_input[i],encoding = 'gbk')
    duplicate = gps.duplicated(['业务时间','卡片记录编码','车牌号']) # 选取重复的记录
    gps_new = gps.loc[~duplicate,:]   # 删除重复的记录
    gps_new.to_csv('../tmp/gps_new/'+file_output[i],index = False,encoding =
'gbk')
```

167

8.4 构建 DBSCAN 模型

DBSCAN 算法是一种典型的基于密度的聚类算法，相对其他聚类算法来说更简单、有效，它可以自动将低密度的点分类成噪声点，并把这些噪声点排除在外。DBSCAN 算法还可以处理任意形状和大小的簇，并且不容易受噪声和离群点的影响。

DBSCAN 算法依赖两个主要的参数来进行聚类，即对象点的区域半径 Eps 和区域内点的个数的阈值 MinPts。DBSCAN 算法通过查找数据集中任意一个点的距离在 Eps 区域来进行聚类，如果这个区域内的点数大于 MinPts，则将这些点放在同一个簇中，形成新的一类。DBSCAN 算法聚类过程如下。

（1）将所有的点分别标记为核心点、边界点或噪声点。

（2）删除识别出的噪声点。

（3）将在 Eps 区域内的所有核心点连通，并形成一个簇。

（4）将每个边界点归属到一个与之相关联的核心点的簇中。

提取预处理后的 2014 年 6 月 9 日至 2014 年 6 月 13 日的 68 路公交线路的数据，并根据合并后的数据绘制散点图，如代码 8-4 所示，得到的散点图如图 8-3 所示。

代码 8-4　提取数据并绘制散点图

```
import os
import pandas as pd
import matplotlib.pyplot as plt


# 提取 68 路公交线路的数据，并导出至同一个文件中
file_list = os.listdir('../tmp/gps_new')
for file_name in file_list:
    gps_new = pd.read_csv('../tmp/gps_new/' + file_name,sep = ',',encoding =
'gbk')
    x = gps_new. iloc[:,4]=='68 路'
    bus = gps_new. loc[x==True,:]
    bus.to_csv('../tmp/bus.csv',na_rep='NaN',index=False,mode= 'a+',
encoding = 'gbk')


# 绘制散点图
df_data = pd.read_csv("../data/gjc.csv",'r+',encoding = 'gbk',delimiter = ',')
plt.rcParams['font.sans-serif'] = 'SimHei'  # 设置字体为 SimHei，用于正常显示中文
标签
plt.rcParams['axes.unicode_minus'] = False  # 设置正常显示负号
plt.figure(figsize=(8,4))
```

```
plt.scatter(df_data["经度"],df_data["纬度"])
plt.xlabel('经度/度')
plt.ylabel('纬度/度')
plt.show()
```

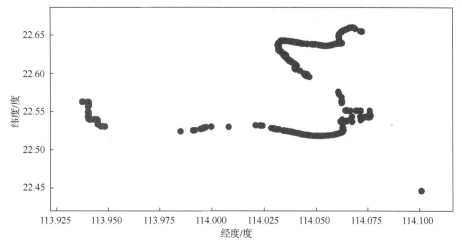

图 8-3　68 路公交线路散点图

通过图 8-3 可以看出 68 路公交线路的经纬度数据的分布。下面对 68 路公交线路的经纬度数据进行 DBSCAN 密度聚类得到模拟站点的分布情况，如代码 8-5 所示，聚类后的模拟站点的散点图如图 8-4 所示。

代码 8-5　68 路公交线路经纬度数据密度聚类

```
from sklearn.cluster import DBSCAN
df_data = pd.read_csv("../data/gjc.csv",'r+',encoding = 'gbk',delimiter = ',')
# 聚类，半径为 0.0011（度），3 代表聚类中点的区域必须至少有 3 个才能聚成一类
db = DBSCAN(eps=0.0011,min_samples=3).fit(df_data.iloc[:,:2])
flag = pd.Series(db.labels_,name=('flag'))
# axis 中 0 表示行合并，1 表示列合并，若属性不对应就不会合并
df_cluster_result = pd.concat([df_data,flag],axis=1)
df_cluster_result.describe()
plt.scatter(df_cluster_result["经度"],df_cluster_result["纬度"],c=df_cluster_
result["flag"])
# 去掉噪声点
df_cluster_result = df_cluster_result[df_cluster_result["flag"] >= 0]
# 站点聚类后的散点图
plt.scatter(df_cluster_result["经度"],df_cluster_result["纬度"],c=df_cluster_
result["flag"])
```

```
plt.xlabel('经度/度')
plt.ylabel('纬度/度')
plt.show()
```

```
df_cluster_result.to_csv('../tmp/bus_DBSCAN.csv',index=False,encoding = 'gbk')
```

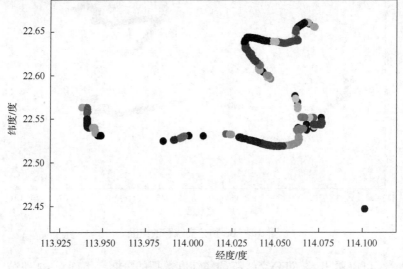

图 8-4　68 路公交线路模拟站点密度聚类散点图

由图 8-4 可以很明显看到，68 路公交线路的经纬度数据被聚成了很多类，每一类都代表附近可能存在该公交车的一个站点；较长的一段空缺是因为该路段不存在公交车站点；而右下角存在的一个点，初步推测为异常值。

8.5　公交车站点设置优化分析

首先根据公交刷卡数据可以分时段求出每个站点的上车人数，其次利用居民公交出行的出行站数服从泊松分布来计算下车人数，得到 OD 矩阵，即求出每条线路中从一个站点到另一个站点的乘客上下车数量，最后得出城市居民乘车出行的规律。根据这些规律对公交线路提出优化建议。

8.5.1　计算上车人数

因为公交刷卡数据中含有卡片记录编码（卡片字段），便可以计算出各个站点对应的上车人数，如代码 8-6 所示。

代码 8-6　计算 68 路公交线路各个站点的上车人数

```
import os
import time
```

```
import numpy as np
import pandas as pd


# 已经将聚集的类（即站点）按实际站点地理位置进行排序，并成为"实际站点"列
bus_68 = pd.read_csv("../data/bus_68.csv",'r+',encoding = 'gbk',delimiter = ',')


# 分时段导出数据
# 按空格分隔日期和时间，合并同一个日期2014/06/09，方便分时段
T = [bus_68.iloc[i,2].split(" ") for i in list(bus_68.index)]
time_list = [' '.join(["2014/06/09",T[i][1]]) for i in bus_68.index]
time1 = [time.strptime(i,'%Y/%m/%d %H:%M') for i in time_list]
time2 = [time.strftime('%Y-%m-%d %H:%M',j) for j in time1]
bus_68['业务时间'] = time2


# 设置时间点
point = ["2014/06/09 05:00", "2014/06/09 08:00", "2014/06/09 09:00",
          "2014/06/09 18:00", "2014/06/09 19:00", "2014/06/09 23:59"]
time3 = [time.strptime(i,'%Y/%m/%d %H:%M') for i in point]
time4 = [time.strftime('%Y-%m-%d %H:%M',j) for j in time3]


# 设置写出路径
path1 = ["../tmp/bus_68/68_1.csv", "../tmp/bus_68/68_2.csv",
          "../tmp/bus_68/68_3.csv", "../tmp/bus_68/68_4.csv",
          "../tmp/bus_68/68_5.csv"]
# 将数据导出至bus_68文件夹
for k in range(0,5):
    num = (bus_68['业务时间'] >= time4[k]) & (bus_68['业务时间'] < time4[k+1])
    bus = bus_68[num == True]
    bus.to_csv(path1[k],na_rep='NaN',index=False,encoding = 'gbk')


# 自定义函数
def num(data):
    # 建立一个DataFrame，把线路名称、上车站点、上车人数放在里面
    result = pd.DataFrame(np.zeros((39,3)),
                    columns = ['bus_route','get_on_station','get_on_num'])
```

```
        zd = np.unique(bus_68['实际站点'])-1          # 提取上车站点信息
        for i in zd:
                ind = data[((data['实际站点']-1) == zd[i]) == True].index
                number = bus_68.iloc[ind,:]
                result.iloc[i,0] = '68路'
                result.iloc[i,1] = zd[i]
                result.iloc[i,2] = len(number)
return(result)


# 分时段计算上车人数
# 设置写出路径
path2 = ["../tmp/get_on/get_on_1.csv", "../tmp/get_on/get_on_2.csv",
        "../tmp/get_on/get_on_3.csv", "../tmp/get_on/get_on_4.csv",
        "../tmp/get_on/get_on_5.csv"]
file_list = os.listdir("../tmp/bus_68")
for k in range(0,5):
        # 读数据分时段之后的 68 路公交线路数据
        bus_get_on = pd.read_csv("../tmp/bus_68/" + file_list[k],sep = ',',
encoding = 'gbk')
        result = num(bus_get_on)
        result.to_csv(path2[k],na_rep='NaN',index=False,encoding = 'gbk')


# 不分时段计算上车人数
bus_result = num(bus_68)
bus_result.to_csv('../tmp/bus_get_on.csv',na_rep='NaN',index=False,
encoding = 'gbk')
```

运行代码8-6后得到68路公交线路各个站点的上车人数，如图 8-5 所示。

由图 8-5 可以看出，68 路公交线路各个站点的上车人数存在较大的差异，站点"2"和站点"11"的上车人数超过了 100 人，而站点"7"和站点"15"的上车人数仅为 3 人。

8.5.2 计算下车人数

通过计算 OD 矩阵以及下车人数的分布情况对

	bus_route	get_on_station	get_on_num
0	68路	0.0	5.0
1	68路	1.0	41.0
2	68路	2.0	108.0
3	68路	3.0	51.0
4	68路	4.0	16.0
5	68路	5.0	5.0
6	68路	6.0	19.0
7	68路	7.0	3.0
8	68路	8.0	15.0
9	68路	9.0	43.0
10	68路	10.0	76.0
11	68路	11.0	137.0
12	68路	12.0	5.0
13	68路	13.0	75.0
14	68路	14.0	81.0
15	68路	15.0	3.0
16	68路	16.0	72.0
17	68路	17.0	4.0
18	68路	18.0	5.0
19	68路	19.0	13.0

图 8-5　68 路公交线路各个站点的上车人数

下车人数进行预测。

1. OD 矩阵

OD 调查中的 "O" 来源于英文 Origin，指出行的出发地，"D" 来源于英文 Destination，指出行的目的地。OD 调查即起迄点调查，又称 OD 交通量调查，即起迄点间的交通出行量。OD 调查结果通常用一个二维表格表示，称为 OD 矩阵。

OD 调查结果已被应用于公路网规划中，如新建或改建项目的可行性研究、设计、交通组织及管理等各方面。大量的 OD 调查数据，对远景交通量的预测、道路类型及等级的确定、互通立交的设置、道路横断面的设计、交通服务设施的配置、交通管理与控制、规划方案和建设项目的国民经济评价以及财务分析等提供了定量依据，进而为交通规划的完善和建设项目的科学决策奠定了基础。

2. 模型假设

针对模型提出以下 3 个假设。

假设 1：提供的地面公交车载 GPS 数据和地面公交刷卡数据都是真实的，而且在一定程度上可以代表某城市居民出行的情况。

假设 2：城市居民出行的距离可以近似看作服从正态分布。因为如果出行的距离太短，居民一般会选择相对方便的交通工具，如步行或者骑车；如果出行的距离太长，居民一般会选择私家车或者汽车。所以可以推断，城市居民通过公交出行的距离集中在一定范围内。

假设 3：城市居民公交出行的出行站数服从泊松分布。

3. 计算下车人数

下面以一条单向运行线路的数据进行分析。很明显，起点站是没有乘客下车的，所以在第二个站点下车的乘客是来自起点站的。以此类推，之后每个站的下车人数如式（8-1）所示。

$$D_j = \sum_{k=1}^{j-1} S_k \times P_{kj}, j = 1, 2, \cdots, m \qquad (8\text{-}1)$$

4. 计算城市居民选择公交出行时的不同出行站数的概率

确定下车概率有两个重要的因素，一是乘客出行的距离，二是站点对乘客的吸引力。基于这两个因素，如果一条线路有 n 个站点（包括起点站和终点站），可以得到概率矩阵如式（8-2）所示。

$$\boldsymbol{P} = (P_{ij})_{n \times n} \qquad (8\text{-}2)$$

引入站点对乘客的吸引权重，即在某条线路上的某个站点乘客上车人数 S_i 占某条线路的总上车人数 S_k 的比例，其公式如式（8-3）所示。

$$W_j = \frac{S_i}{\sum_{k=1}^{m} S_k} \qquad (8\text{-}3)$$

公交出行属于中长距离的出行，当出行距离过长或过短时，居民较少采用这种交通方式。居民选择乘坐公交出行时，出行站数主要集中在某个范围内，当乘坐到一定站数时，其在该站下车的概率最大，而当相对于上车站点的距离过长或过短时，其下车的概率相对较小。这种概率服从泊松分布，其公式如式（8-4）所示。

$$F_{ij} = \begin{cases} \dfrac{e^{-\lambda}\lambda^{(j-i)}}{(j-i)!}, & i < j \\ 0, & i \geqslant j \end{cases} \qquad (8\text{-}4)$$

综上所述，可以得到城市居民选择公交出行时的不同出行站数的概率如式（8-5）所示。

$$P_{ij} = \begin{cases} \dfrac{F_{ij} \times W_j}{\sum\limits_{j=1}^{m} F_{ij} \times W_j}, & i < j \\ 0, & i \geqslant j \end{cases} \qquad (8\text{-}5)$$

式（8-1）~式（8-5）中的符号说明如表 8-4 所示。

表 8-4　符号说明

符号	说明
m	某线路单向运行的站点总数
D_j	j 站下车人数
S_i	i 站上车人数
F_{ij} 和 P_{ij}	乘客在 i 站上车，途经 $j-i$ 个站点下车的概率
P	概率矩阵
λ	某条公交线路出行途经的站点数的数学期望
W_j	公交线路各个站点的吸引权重

计算 68 路公交线路各个站点的下车人数，如代码 8-7 所示。

代码 8-7　计算 68 路公交线路各个站点的下车人数

```python
# 自定义函数，求 OD 矩阵、上下车人数
def work(data):
    data_wj = data['get_on_num'] / sum(data['get_on_num']) # 权重
    # 构建泊松分布
    lmd = 19.5
    k = len(data)
    pro = pd.DataFrame(np.zeros((k,k+1)))
    for i in range(k):
        for j in range(k):
            if (i < j):
                f = ((math.e)**(-lmd) * lmd**(j-i)) / math.factorial(j-i)
                pro.iloc[i,j] = f
        pro.iloc[i,k] = sum(pro.iloc[i,:k] * data_wj)
```

```
# 构建 OD 矩阵，求出一个站点到另一个站点的下车人数
OD = pd.DataFrame(np.zeros((k+1,k+1)))
for i in range(k):
        for j in range(k):
                if (i < j):
                        p = pro.iloc[i,j] * data_wj.iloc[j] / pro.iloc[i,k]
                        OD.iloc[i,j] = round(p * data.iloc[i,2])
# 各站点下车人数
for i in range(k+1):
        OD.loc['下车人数',i] = sum(OD.iloc[:k,i])
# 各站点上车人数
OD['上车人数'] = 0
for i in range(k):
    OD['上车人数'].iloc[i] = sum(OD.iloc[i,:k])
# 下车人数总人数
OD.iloc[k+1,k+1] = sum(OD.iloc[k+1,:k+1])
return(OD)


# 分时段建立 OD 矩阵，并求出下车人数
# 设置写出路径
path1 = ["../tmp/OD/OD_1.csv", "../tmp/OD/OD_2.csv", "../tmp/OD/OD_3.csv",
         "../tmp/OD/OD_4.csv", "../tmp/OD/OD_5.csv"]
path2 = ["../tmp/get_off/get_off_1.csv", "../tmp/get_off/get_off_2.csv",
         "../tmp/get_off/get_off_3.csv", "../tmp/get_off/get_off_4.csv",
         "../tmp/get_off/get_off_5.csv"]


file_list = os.listdir("../tmp/get_on")
for k in range(0,5):
    # 读取上车人数的数据
    data = pd.read_csv("../tmp/get_on/" + file_list[k],sep = ',',encoding = 'gbk')
    OD_k = work(data)
    OD_k.to_csv(path1[k],na_rep='NaN',index=False,encoding = 'gbk')
    data['get_off_num'] = OD_k.iloc[40,:39]
    data.to_csv(path2[k],na_rep='NaN',index=False,encoding = 'gbk')


# 不分时段建立 OD 矩阵
```

```
bus_get_on = pd.read_csv("../tmp/bus_get_on.csv",encoding = 'gbk')
bus_OD = work(bus_get_on)
bus_OD.to_csv('../tmp/bus_OD.csv',na_rep='NaN',index=True,encoding = 'gbk')
# 求出 OD 数据框每列的人数的总和，即每个站点下车的总人数
bus_get_on['get_off_num'] = bus_OD.iloc[40,:39]
bus_get_on.to_csv('../tmp/bus_get_off.csv',na_rep='NaN',index=False,encodin
g = 'gbk')
```

8.5.3 结果分析

下面根据代码得到的 OD 矩阵中上下车人数的预测，提出站点设置的优化建议。

1. OD 矩阵分析

通过 DBSCAN 密度聚类获取公交车站点，同时计算出公交车对应站点的上下车人数，从而进行 OD 矩阵的推导，得到每天 5 个时段的 OD 矩阵。5 个时段的划分如表 8-5 所示。

表 8-5　时段划分

时段	时段划分
时段 1	5:00～8:00
时段 2	8:00～9:00
时段 3	9:00～18:00
时段 4	18:00～19:00
时段 5	19:00～23:59

这里对上下班高峰期两个时段的 OD 矩阵进行具体分析。68 路公交线路时段 2 即上班高峰期（8:00～9:00）的 OD 矩阵，如图 8-6 所示。68 路公交线路时段 4 即下班高峰期（18:00～19:00）的 OD 矩阵，如图 8-7 所示。

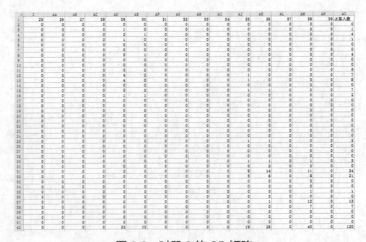

图 8-6　时段 2 的 OD 矩阵

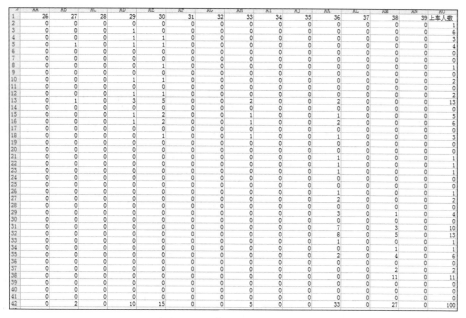

图 8-7　时段 4 的 OD 矩阵

　　由时段 2 的 OD 矩阵结果可以看出，上班高峰期上车人数主要集中在第 30、31 和 36 站。由时段 4 的 OD 矩阵结果可以看出，下班高峰期上车人数主要集中在第 12、30 和 31 站。

2. 站点优化建议

　　在 68 路公交线路的整条线路中，有些站点几乎没有人上下车，针对上车人数较多的站点，建议增加一些安全措施，如安排一些相关人员维持秩序；在上下班高峰期的时候可以多安排一些车次或者增加区间车，也可以考虑跳过现有线路上下车人数较少的站点，这样可以更为有效地缓解上下班高峰期拥挤的情况。

小结

　　本章介绍了城市公交车站点设置的优化分析案例。首先介绍了本案例的背景与目标，然后对数据进行属性规约、缺失值处理、数据去重等操作。重点介绍了数据挖掘算法中的 DBSCAN 聚类算法在实际案例中的应用，并根据城市居民公交出行站数满足泊松分布的规律，采用概率论模型进行分析，计算得到上下车人数的 OD 矩阵。最后提出对公交车站点设置的优化建议。

课后习题

操作题

葡萄酒的品种很多，因葡萄的栽培、葡萄酒生产工艺条件的不同，产品风格各不相同。"葡萄酒.xlsx"提供了某地区 3 种不同品种的葡萄酒的化学分析结果，部分数据如表 8-6 所示。

表 8-6　葡萄酒部分数据

Class（类别）	Alcohol（酒精）	Malic acid（苹果酸）	...	Hue（色调）	OD280（核酸吸光度）	Proline（脯氨酸）
1	14.23	1.71	…	1.04	3.92	1065
1	13.2	1.78	…	1.05	3.4	1050
1	13.16	2.36	…	1.03	3.17	1185
1	14.37	1.95	…	0.86	3.45	1480
1	13.24	2.59	…	1.04	2.93	735

　　数据中每一行代表一种酒的样本，共有 178 个样本；一共 14 列，其中第 1 列为类别标志属性，共有 3 类，分别标记为 1、2、3，对应 3 种不同的葡萄酒；后面 13 列为每一个样本对应属性的属性值。类别 1 共有 59 个样本，类别 2 共有 71 个样本，类别 3 共有 48 个样本。要求对数据进行聚类，并分析 3 种类别的葡萄酒的差异。

第 9 章 铁路站点客流量预测

我国始终坚持中国特色社会主义道路，坚持以经济发展为中心。随着社会经济的发展，铁路车站客流量增长速度较快，日均接发列车数量也有较大增加，车流、客流密度明显增加，尤其是在春运、寒暑假、黄金周及节假日期间，客流量相比平常有大幅度的增加，铁路客运组织难度较大。因此有必要对铁路站点客流量规律进行分析，预测站点出行客流量，为铁路部门进行站点规划、服务改进等工作提供必要的理论依据。

本案例通过对列车运行数据进行分析，对 ST111-01 站点的客流量规律进行探索分析，并构建模型预测 ST111-01 站点的出行客流量，为铁路部门的站点规划、服务改进与列车调度提供合理参考。

学习目标

（1）了解铁路站点客流量预测的背景与目标。
（2）熟悉铁路站点客流量预测的流程。
（3）掌握铁路站点客流量数据的预处理方法。
（4）掌握探索不同站点、不同时段的客流量特征的方法。
（5）掌握使用铁路站点客流量数据构建时间序列模型的方法，并预测客流量。

9.1 分析背景与目标

从每年的春运期间以及旅游淡季期间的铁路客流量数据中可以发现客流量符合一定的变化规律。为分析客流量中隐藏的规律，首先需要了解相关行业背景以及列车运行数据。

9.1.1 背景

随着时代经济的发展，交通越来越发达的同时，人们的出行意愿也越发强烈。铁路兼具方便、快捷与价格低廉的特点，是我国居民长途旅行主要的交通方式之一。在这样的背景下，铁路部门面临几个难题：如何正确规划列车调度，改变"一票难求"的购票局面？如何合理地制定票价？如何提高旅客出行的体验？针对这些问题，铁路部门需要对现有的

Python 数据分析基础与案例实战

决策与规划进行优化。

铁路客运运输的发展依赖于合理、科学的决策，而科学的决策显然离不开科学的预测。科学的预测能使铁路部门对未来做出规划，可以为制定合理的价格、改善客运站组织方式、优化铁路车辆资源配置、提高客运设备的服务能力提供帮助，对提高铁路客运运输效率具有重要的意义。

9.1.2 数据说明

本案例选取 2015 年 1 月到 2016 年 3 月的列车运行数据，重点对 ST111-01 站点的出行客流量进行分析。列车运行的部分梯形密度表数据示例如表 9-1 所示。

表 9-1　列车运行梯形密度表数据示例

GT06 ST013-ST190-01 开行 1 天 日均定员：1015 人 客座率：89.6 %								
上车站	ST013	ST241	ST021	ST111-03	ST111-01	ST326	ST250	下车人数合计/人
下车站　开/到点	07:25	08:03	08:30	09:20	09:39	10:22	10:59	
ST111-03　09:16	2		9					11
ST111-01　09:37	21	1	10	12				44
ST326　10:21	283	1	2	3	33			322
ST250　10:58	334			2	20	134		490
ST190-01　12:12	305	1	3	2	13	185	138	647
上车人数合计	945	3	24	19	66	319	138	1514

9.1.3 分析目标

结合列车运行数据，可以实现以下目标。

（1）利用列车运行数据，探索 ST111-01 站点旅客的出行规律。

（2）构建模型，对 ST111-01 站点的出行客流量情况做出预测。

本案例的总流程如图 9-1 所示，主要包括以下 5 个步骤。

（1）从业务系统中获取数据。

（2）对数据进行结构化处理、缺失值处理和日期格式化。

（3）探索不同站点、不同时段以及节假日和非节假日的客流量。

（4）对处理后的数据进行检验，并对非节假日和节假日分别构建时间序列模型。

（5）用构建的模型对客流量进行预测并评价。

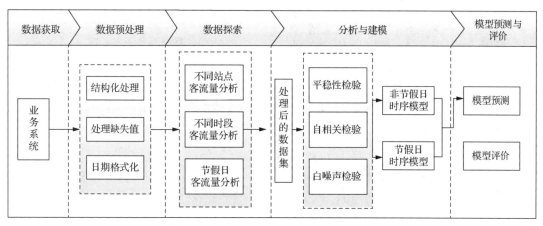

图 9-1　铁路站点客流量预测总流程

9.2　预处理客流量数据

本案例所使用的原始数据为梯形密度表，是一种非结构化数据，需要将其处理成结构化数据，否则会影响后续分析。

下面利用 Python 对原始数据进行结构化处理，提取车次、站点、上下车人数等关键信息，并将结构化后的数据进行保存，如代码 9-1 所示。

代码 9-1　数据结构化处理

```
import numpy as np
import os
from itertools import chain
import pandas as pd
import re
import matplotlib.pyplot as plt
path = '../data/201501-201603'  # 文件夹目录
filename = os.listdir(path)   # 得到文件夹下的所有文件名称
n_filename = len(filename)
datalist = []
date = []
for i in range(n_filename):
    name = '../data/201501-201603/' + filename[i]
    datalist.append(['../data/201501-201603/' + filename[i]+'/'+ j for j in
os.listdir(name)])
    date.append(len(datalist[i]))
filedata = list(chain.from_iterable(datalist))  # 将二维列表转换为一维列表
```

```
n_file = sum(date)
SaveFile_Name = r'../tmp/Station.csv'   # 数据合并后要保存的文件名
def Deal_Fun(b):
    for m in range(b):
        data = pd.read_excel(filedata[m])
        row = data.shape[0]
        Line =[]   # 存放始发日期和上车站信息
        Head_d = []   # 存放始发日期
        for i in range(row):
            if '始发日期' in data.iloc[i,0]:
                Head_d.append(re.findall('[0-9\-]+',data.iloc[i,0]))
            if data.iloc[i,0] == '上车站':
                Line.append(re.findall('[A-Z]{2}[0-9]{2} ',data.iloc[i-1,0]))
        Line = pd.DataFrame(Line)   # 以数据框形式存放上车站
        Head_d = pd.DataFrame(Head_d)
        Line['Head'] = 0   # 新增存放始发日期的列
        for i in range(len(Line)):
            Line.iloc[i,1] = Head_d.iloc[0,0]
        # 提取列车站点信息
        # 提取上车站点位置信息
        on_station = [i for i, x in enumerate(data.iloc[:,0]) if x == '上车站']
        # 提取上车人数合计信息
        on_count = [i for i, x in enumerate(data.iloc[:,0]) if x == '上车人数合计']
        Size = pd.DataFrame(np.zeros([len(on_station),2]),
                            columns=['on_station','on_count'])
        Size['on_station'] = on_station
        Size['on_count'] = on_count
        Size['off_count'] = 0
        for h in range(len(Size.iloc[:,0])):
            Size.ix[h,'off_count'] = [i for i, x in enumerate(
                data.iloc[Size.iloc[h,0],:]) if x == '下车人数合计'][0]
        # 提取上下车站点、人数和时间信息
        # 下车站点
        guodu = pd.DataFrame(data.iloc[:,0])
        off_station = []
        for j in range(len(Size.iloc[:,0])):
```

182

```
            off_station.append(guodu.iloc[Size.iloc[j,0]+2:Size.
ix[j,'on_count'],0])
        sum_station = 0
        for i in range(len(off_station)):
            sum_station = sum_station + len(off_station[i])
        Out_off = pd.DataFrame(np.zeros([sum_station,3]),
                        columns = ['off_station','off_man','off_time'])
        h = 0
        for i in range(len(off_station)):
            Out_off.iloc[h:h+len(off_station[i]),0] = list(off_station[i])
            h = h + len(off_station[i])
        # 下车人数
        off_man = []
        for i in range(len(Size)):
            data1 = pd.DataFrame(data.iloc[:,Size.ix[i,'off_count']])
            off_man.append(data1.iloc[Size.iloc[i,0]+2:Size.ix
[i,'on_count'],0])
        h = 0
        for i in range(len(off_man)):
            Out_off.iloc[h:h+len(off_man[i]),1] = list(off_man[i])
            h = h + len(off_man[i])
        # 下车时间
        off_time = []
        for i in range(len(Size)):
            data1 = pd.DataFrame(data.iloc[:,1])
            off_time.append(data1.iloc[Size.iloc[i,0]+2:Size.ix[i,
'on_count'],0])
        h = 0
        for i in range(len(off_time)):
            Out_off.iloc[h:h+len(off_time[i]),2] = list(off_time[i])
            h = h + len(off_time[i])
        # 上车信息
        Come = pd.DataFrame(np.zeros([sum_station,3]),
                        columns = ['on_station','on_man','on_time'])
        # 上车站点
        on_station1 = []
```

```python
for i in range(len(Size)):
    data1 = pd.DataFrame(data.iloc[Size.ix[i,'on_station'],:])
    on_station1.append(data1.iloc[2:Size.ix[i,'off_count'],0])
h = 0
for i in range(len(on_station1)):
    Come.iloc[h:h+len(on_station1[i]),0] = list(on_station1[i])
    h = h + len(on_station1[i])
# 上车人数
on_man = []
for i in range(len(Size)):
    data1 = pd.DataFrame(data.iloc[Size.ix[i,'on_count'],:])
    on_man.append(data1.iloc[2:Size.ix[i,'off_count'],0])
h = 0
for i in range(len(on_man)):
    Come.iloc[h:h+len(on_man[i]),1] = list(on_man[i])
    h = h + len(on_man[i])
# 上车时间
on_time = []
for i in range(len(Size)):
    data1 = pd.DataFrame(data.iloc[Size.ix[i,'on_station'] + 1,:])
    on_time.append(data1.iloc[2:Size.ix[i,'off_count'],0])
h = 0
for i in range(len(on_time)):
    Come.iloc[h:h+len(on_time[i]),2] = list(on_time[i])
    h = h + len(on_time[i])
Station = pd.DataFrame(np.zeros([len(Out_off),7]),
                       columns = ['on_station','on_man','on_time',
                                  'off_man','off_time','date','train'])
Station['on_station'] = list(Out_off.iloc[:,0])
Station['off_man'] = list(Out_off['off_man'])
Station['off_time'] = list(Out_off['off_time'])
k = 0
for i in range(len(on_man)):
        Station.ix[k:k+len(on_man[i])-1,'on_man'] = list(on_man[i])
        Station.ix[k:k+len(on_time[i])-1,'on_time'] = list
(on_time[i])
```

```
                    Station.ix[k+len(on_time[i]):k - 1 + len(off_time[i]),
'on_time'] = 0.1

                    Station.ix[k+len(on_man[i]):k - 1 + len(off_man[i]),
'on_man'] = 0.1

                    Station.ix[k:k - 1 + len(off_man[i]),'date'] = Line.iloc[i,1]
                    Station.ix[k:k - 1 + len(off_man[i]),'train'] = Line.iloc[i,0]
                    k = k + len(off_man[i])
            Station.to_csv(SaveFile_Name,encoding="utf_8",
                            index=False, header=False, mode='a+')
Deal_Fun(n_file)
```

列车运行梯形密度表经过代码 9-1 处理以后，得到的部分结构化列车运行数据如表 9-2 所示。

表 9-2　部分结构化列车运行数据

站点	上车人数/人	离站时间	下车人数/人	到站时间	开行日期	车次
ST074	891	13:00	0	13:00	20150101—20150101	PK11
ST219	69	13:41	161	13:39	20150101—20150101	PK11
ST054	150	14:37	40	14:34	20150101—20150101	PK11
ST036	72	15:22	25	15:19	20150101—20150101	PK11
ST313	432	16:30	356	16:19	20150101—20150101	PK11
ST064	21	17:10	133	17:08	20150101—20150101	PK11
ST222	44	17:51	174	17:49	20150101—20150101	PK11
ST023	58	18:26	21	18:24	20150101—20150101	PK11
ST139	74	18:48	10	18:46	20150101—20150101	PK11
ST244	63	19:12	57	19:10	20150101—20150101	PK11

由表 9-2 中的开行日期属性可以看出，日期是"20150101—20150101"格式，需要将其处理成标准的"2015-01-01"格式。除此以外，合并后的数据存在部分缺失（部分为空格，将其视为缺失值），如部分站点的离站时间缺失表示该站是终点站，离站时间与上车人数缺失表示该站是终点站且无人上车。先将缺失值用 0 补全，然后对缺失值和日期格式进行处理，如代码 9-2 所示。

代码 9-2　缺失值、日期格式处理

```
Train_Station = pd.read_csv('../tmp/Station.csv',
                            header = None,encoding = 'utf-8')
Train_Station.columns = ['on_station','on_man','on_time',
                            'off_man','off_time','date','Station']
Train_Station.fillna(value=0,inplace = True)   # 处理缺失值
for i in range(len(Train_Station)):

    for j in range(len(Train_Station.iloc[0,:])):
```

```
            if Train_Station.iloc[i,j] == '0.1':
                Train_Station.iloc[i,j] = 0
s_date = [re.findall('[0-9]+',i)[0][0:4]+
            '-'+re.findall('[0-9]+',i)[0][4:6]+
            '-'+re.findall('[0-9]+',i)[0][6:8]
            for i in Train_Station.ix[:,'date'] ]
Train_Station.ix[:,'date'] = s_date
# 部分数据为空格，将其替换为 0
ind_on = [i for i in Train_Station.index if Train_Station.ix[i,'on_man'] == ' ']
ind_off = [i for i in Train_Station.index if Train_Station.ix[i,'off_man'] == ' ']
Train_Station.ix[ind_on,'on_man'] = 0
Train_Station.ix[ind_off,'off_man'] = 0
Train_Station[u'on_man'] = Train_Station[u'on_man'].astype(float)
Train_Station[u'off_man'] = Train_Station[u'off_man'].astype(float)
Train_Station.to_csv('../tmp/Train_Station.csv',encoding = 'utf-8')
```

9.3 探索客流量数据

由于铁路客运的稳定性与航空客运不同，受天气（除极端天气外）的影响不大。因此本案例针对客流量的分析只考虑时间段、节假日两个因素。

9.3.1 不同站点上下车客流量分布分析

下面从合并后的数据中统计所有站点的日均上下车客流量，并随机抽取 20 个站点的数据进行图形化展现，如代码 9-3 所示。得到的各站点上下车客流量分布如图 9-2 所示，其中左侧柱体为日均上车客流量，右侧柱体为日均下车客流量。

代码 9-3   各站点上下车客流量分布

```
on = pd.DataFrame(Train_Station['on_station'])
on = on.drop_duplicates()
on['on_mean'] = 0
on['off_mean'] = 0
for i in range(len(on)):
    data = Train_Station[Train_Station.iloc[:,0] == on.iloc[i,0]]
    on.iloc[i,1] = sum(data.iloc[:,1])/(len(data))
    on.iloc[i,2] = sum(data.iloc[:,3])/(len(data))
on_sample = on.sample(20, random_state = 44)
```

```
on_sample.index = on_sample['on_station']
plt.rcParams['font.sans-serif'] = ['SimHei'] #用来正常显示中文标签
plt.rcParams['axes.unicode_minus'] = False #用来正常显示负号
on_sample.plot(kind = 'bar' , title = '各站点上下车客流量分析')
plt.xticks(rotation = 45)
plt.ylabel('上下车人数/人')
plt.xlabel('站点')
```

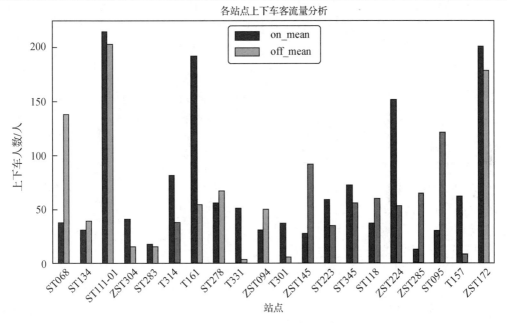

图 9-2　各站点上下车客流量分布

　　由图 9-2 可以看出，ST068、ZST145、ST095 这 3 个站点的日均下车客流量较高，T314、T161、ZST224 这 3 个站点的日均上车客流量较高，ST111-01、ZST172 这 2 个站点的日均上下车客流量都比较高。造成这种现象的原因可能与站点的大小、经过车次的多少、承担的铁路交通功能相关。由于每个站点的情况是各不相同的，因此需要结合各个站点的客流量特征分别进行客流量的预测。

　　本案例选取 ST111-01 站点进行客流量预测，因为该站点属于上下车客流量较高的较具代表性的站点。对 ST111-01 站点的客流量特征进行探索，并构建模型预测站点将来的客流量。

9.3.2　不同时段上下车客流量分布分析

　　假设以离站时间作为列车的开始运行的时间，并取列车离站的时间点所在的小时作为列车运行的时间段，如 13:04 离站则截取 13，表示 13:00～14:00 的时间段。据此对 ST111-01 站点每个时段的上下车客流量进行统计，如代码 9-4 所示，得到的结果如图 9-3 和图 9-4 所示。

代码 9-4　每个时段上下车客流量分布

```
# ST111-01 站点上下车客流量分析
Train_ST111_01 = Train_Station[Train_Station.iloc[:,0] == 'ST111-01']
# 上车客流量分析
On_t = Train_ST111_01.iloc[:,1:3]
On_t.index = range(len(On_t))
# 时间取整点
for i in range(len(On_t)):
    if On_t.iloc[i,1] != 0:
        On_t.iloc[i,1] = int(On_t.iloc[i,1][0:2])
on_mean_t = On_t.groupby('on_time')['on_man'].mean()   # 分组并求均值
plt.rcParams['font.sans-serif'] = ['SimHei']   # 用来正常显示中文标签
plt.rcParams['axes.unicode_minus'] = False   # 用来正常显示负号
on_mean_t.plot(kind = 'bar',title = '每个时段上车客流量',color = 'blue')
plt.xticks(rotation = 0)
plt.ylabel('上车人数/人')
plt.xlabel('时间')


# 下车客流量分析
Off_t = Train_ST111_01.iloc[:,3:5]
Off_t.index = range(len(Off_t))
for i in range(len(Off_t)):
    if Off_t.iloc[i,1] != 0:
        Off_t.iloc[i,1] = int(Off_t.iloc[i,1][0:2])
off_mean_t = Off_t.groupby('off_time')['off_man'].mean()   # 分组并求均值
off_mean_t.plot(kind = 'bar' ,color = 'red',title = '每个时段下车客流量')
plt.xticks(rotation = 0)
plt.ylabel('下车人数/人')
plt.xlabel('时间')
```

　　根据图 9-3 和图 9-4 可以看出，ST111-01 站点在 07:00～20:00 的上车客流量较高，其余时间的上车客流量较低，这符合人们的作息规律。然而在 0:00～04:00 的上车客流量也有着不低的水平，这可能是由于这个时段开出的长途列车正好能在第二天的白天到达目的地，如乘客外出旅行时选择在 0:00～04:00 乘坐列车出发，可以在第二天的上午到达目的地，能够留出足够的时间寻找旅店或直接开始游玩。由图 9-4 可以看出，每个时段的下车客流量均保持在一定的范围内波动，没有明显的规律。因此可以认为 ST111-01 站点的上车客流量与离站的时间有关，下车客流量与到站时间无关。

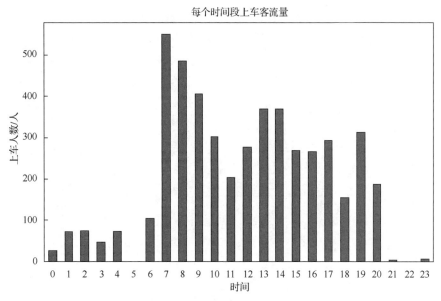

图 9-3　每个时段上车客流量

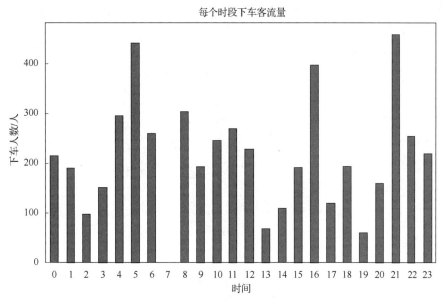

图 9-4　每个时段下车客流量

9.3.3　分析节假日客流量变化

　　通过收集国家公布的法定节假日信息，对 2015 年 1 月 1 日至 2016 年 3 月 20 日中每个日期的节假日属性进行标记，其中节假日标记为"小长假"，非节假日标记为"工作日"，将标记后的数据保存在"2015-2016 年节假日.csv"文件中。统计 ST111-01 站点每天的平均客流量，添加每个日期的节假日属性，并将每天的平均客流量进行图形化展示，如代码 9-5 所示，得到的结果如图 9-5 所示。

代码 9-5　节假日客流量变化

```
# ST111-01 站点节假日客流量变化
holiday = open('../data/2015-2016年节假日.csv',encoding = 'utf-8')
holiday = pd.read_csv(holiday)
for i in range(len(holiday)):
    s = re.findall('[0-9]+',holiday.iloc[i,0])
    l = s[0]
    if len(s[1])<2:
        l = l + '-' + '0' +s[1]
    else:
        l = l + '-' +s[1]
    if len(s[2])<2:
        l = l + '-' + '0' + s[2]
    else:
        l = l + '-' + s[2]
    holiday.iloc[i,0] = l
Train_ST111_01 = Train_Station[Train_Station.iloc[:,0] == 'ST111-01']
on_h = Train_ST111_01.groupby('date')['on_man'].sum()
on_h = pd.DataFrame(on_h)
on_h['date'] = 0
on_h['holiday'] = 0
# 添加日期和类型（工作日或者小长假）
for i in range(len(holiday)):
    for j in range(len(on_h)):
        if holiday.iloc[i,0] == on_h.index[j]:
            on_h.loc[on_h.index[j],'holiday'] = holiday.iloc[i,1]
            on_h.loc[on_h.index[j],'date'] = holiday.iloc[i,0]
# 绘制节假日客流量变化图
fig = plt.figure(figsize=(18,12))   # 设置画布
ax = fig.add_subplot(1, 1, 1)
for i in range(len(on_h)-2):
    for j in range(i+1,len(on_h)-1):
        if on_h.iloc[i,2] == on_h.iloc[j,2] and on_h.iloc[i,2] !=
on_h.iloc[j+1,2]:
            if on_h.iloc[i,2] == '小长假':
                ax.scatter(on_h.iloc[i,1],on_h.iloc[i,0],color =
```

```
'red',linewidth=5)
                    ax.plot(on_h.iloc[i:j+1,1],on_h.iloc[i:j+1,0],color =
'black')
            else:
                    ax.plot(on_h.iloc[i:j+1,1],on_h.iloc[i:j+1,0],color =
'black')
plt.xlabel('日期')
plt.ylabel('上车人数/人')
plt.legend(['点加连线-节假日','黑线-全部日期',loc=8])
plt.title('节假日客流量变化')
plt.xticks((0,50,100,150,200,250,300,350,400),rotation = 30)
plt.tight_layout()
plt.rcParams.update({'font.size': 33})
plt.show()
```

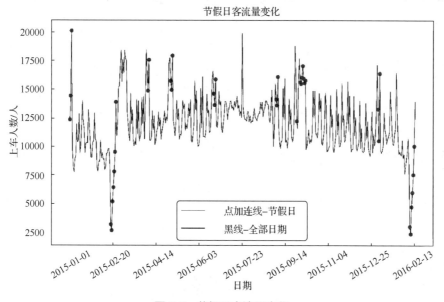

图 9-5 节假日客流量变化

由图 9-5 可以看出，每当节假日到来时都会迎来客流量的低谷，假期前后会有明显的局部客流量高峰。因为旅客通常会选择在节假日前一两天回家或出游，在节假日当天基本已到达目的地，假期最后一天又需要返回工作地点，体现出节假日的客流量往返效应。铁路部门可以考虑增加节假日前 1～2 天出发、假期最后一天返程的车次或座位，而假期当天的车次及座位可以适当减少，以节约人力、物力资源。

图 9-5 中最低两个点是 2015 年和 2016 年的春节，由于春节前的客运周期较长，因此春节当天没有明显的客流量高峰，客流量反而不断减少直至在除夕当天到达最低点。大年

初一过后乘客开始返程，客流量逐步回升直至春节假期结束。春节的客流量变化规律与平常的假期不同，春节假期内的客流量始终保持在较高水平，直至假期结束后才恢复至平时的水平。以上分析说明节假日对客流量的影响较大。

9.4　构建模型并预测客流量

对于铁路部门而言，相比于不同站点的客流量，非节假日和节假日客流量的数据更具有实际的参考价值，因此本节构建时间序列模型分别对非节假日和节假日客流量进行预测。

9.4.1　构建时间序列模型

本案例利用 ARIMA 模型预测站点客流量。建立模型之前需要对数据进行检验，确认数据属于哪一种时间序列，如代码 9-6 所示，得到的结果如图 9-6 和图 9-7 所示。

代码 9-6　数据检验

```
from statsmodels.graphics.tsaplots import plot_acf          # 绘制自相关图
from statsmodels.stats.diagnostic import acorr_ljungbox
# 进行纯随机性（白噪声）检验
from statsmodels.tsa.stattools import adfuller as ADF   # ADF 检验平稳性
from statsmodels.tsa.arima_model import ARIMA                # 模型函数
train = pd.DataFrame(on_h.iloc[0:426,0])
test = pd.DataFrame(on_h.iloc[426:,0])
# 绘制训练集时序图
x = train.index
y = train.on_man
fig, ax = plt.subplots(1,1)
ax.plot(x, y)
ticker_spacing = 70
ax.xaxis.set_major_locator(ticker.MultipleLocator(ticker_spacing))
plt.rcParams['font.sans-serif'] = ['SimHei']              # 用来正常显示中文标签
plt.rcParams['axes.unicode_minus'] = False               # 用来正常显示负号
plt.xticks(rotation = 45)
plt.xlabel('日期')
plt.ylabel('客流量/人')
plt.show()


plot_acf(train)                                          # 绘制训练集自相关图
```

```
plt.xlabel('日期索引')
plt.ylabel('自相关系数')
plt.title('训练集自相关图')
plt.show()
```

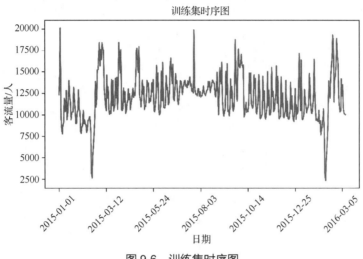

图 9-6　训练集时序图

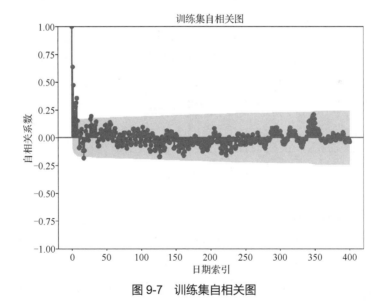

图 9-7　训练集自相关图

根据图 9-6 和图 9-7 可以看出，时序图显示出明显的非平稳性，自相关系数下降缓慢，说明序列具有周期性，单位根检验和白噪声检验 p 值明显小于 0.05，因此原始数据为非平稳的非白噪声序列。

利用原始数据建立 ARIMA 模型，如代码 9-7 所示，得到的预测结果和实际结果的折线图如图 9-8 所示。

代码 9-7　建立 ARIMA 模型

```
import statsmodels.api as sm
train[u'on_man'] = train[u'on_man'].astype(float)
# 定阶
bic_matrix = []  # BIC 矩阵，选择 BIC 矩阵中最小值对应的行（p）、列（q）
for p in range(11):
    tmp = []
    for q in range(5):
        try:  # 存在部分报错，所以用 try 来跳过报错
            tmp.append(sm.tsa.ARIMA(train, order = (p, 1, q)).fit().bic)
        except:
            tmp.append(None)
    bic_matrix.append(tmp)
bic_matrix = pd.DataFrame(bic_matrix)  # 从中可以找出最小值
p, q = bic_matrix.stack().idxmin()  # 先用 stack()方法展平，然后用 idxmin()方法找出
最小值位置
print(u'BIC 最小的 p 值和 q 值为：%s、%s' % (p, q))


model = sm.tsa.ARIMA(train, order = (p, 1, q)).fit()  # 建立 ARIMA(p, 1, q)模型
summary = model.summary2()  # 给出一份模型报告
forecast = model.forecast(10)
print('10 天的预测结果、标准误差和置信区间分别为：\n', forecast)


pre = pd.DataFrame(forecast[0],columns = ['predict'])
pre.index = test.index #如果索引不同，将 pre 加到 test 中时会出错
test['pre'] = pre
plt.plot(test.index, test.on_man)
plt.plot(test.index, test.pre, linestyle=':')
plt.xticks(rotation = 45)
plt.legend(['实际','预测'])
plt.title('预测结果和实际结果的对比')
plt.xlabel('日期')
plt.ylabel('上车人数/人')
```

由图 9-8 可以看出，预测结果是较为理想的，预测值与实际值有类似的变化趋势。但是预测值在 3 月 11 日时以及 3 月 18 日时与实际值之间有很大的差异，而这两天都是周五，可见周末对客流量的影响与节假日对客流量的影响具有相似效果。

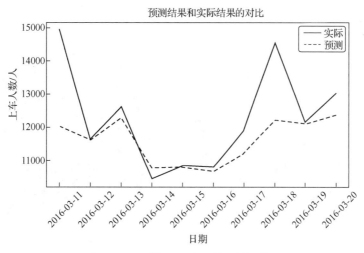

图 9-8 预测结果和实际结果的折线图

9.4.2 预测非节假日客流量

节假日强烈影响了客流量的波动,影响了客流量的时间序列的特性。为了体现客流量的客观规律,绘制剔除节假日之后的客流量数据的时序图,如代码 9-8 所示,得到的结果如图 9-9 所示。

代码 9-8 绘制剔除节假日之后的客流量数据时序图

```
# 剔除节假日之后的时序图
on_nh = on_h[on_h.iloc[:,2] != '小长假']  # 剔除假期
x = on_nh.index
y = on_nh.on_man
fig, ax = plt.subplots(1,1)
ax.plot(x, y)
plt.xticks(range(len(x)),on_nh['date.1'])
ticker_spacing = 70
ax.xaxis.set_major_locator(ticker.MultipleLocator(ticker_spacing))
plt.xticks(rotation = 45)
plt.title('剔除节假日后 ST111-01 站点的客流量')
plt.xlabel('日期')
plt.ylabel('客流量/人')
plt.show()
```

剔除节假日之后的时序图还存在部分客流量极高的随机波动。查看对应的日期数据后发现,这些客流量较高的点大都是节假日前一天。将节假日前一天也剔除后再绘制时序图,如代码 9-9 所示,得到的结果如图 9-10 所示。

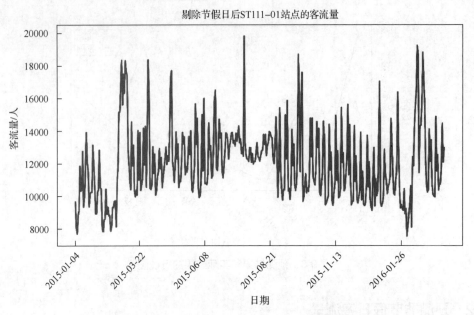

图 9-9　剔除节假日后 ST111-01 站点的客流量

代码 9-9　绘制剔除节假日及其前一天后的客流量数据时序图

```
# 剔除节假日及前一天后的客流量数据时序图
new_h = on_h                                    #存放节假日更新的数据
new_h.index = range(len(new_h))
for i in range(1,len(new_h)):
    if new_h.iloc[i,2] == '小长假' :
        new_h.iloc[i-1,2] = '小长假'
new_nh = new_h[new_h.iloc[:,2] != '小长假']      # 剔除节假日及其前一天的客流量数据
plt.plot(new_nh['date.1'], new_nh['on_man'],color='green')
plt.gca().xaxis.set_major_locator(ticker.MultipleLocator(70))
plt.xticks(rotation = 45)
plt.title('剔除节假日及其前一天后 ST111-01 站点的客流量')
plt.legend(['on_man'], loc=2)
plt.xlabel('日期)
plt.ylabel('客流量/人')
```

　　由图 9-10 可以看出，将节假日及前一天剔除后客流量的时序图比较平稳。图 9-10 中客流量还是存在一个流量高峰，但是从日期与流量的关系上看，不能很好地辨别该流量高峰对应的具体日期及假期，故暂不对其进行处理。

　　对整理的节假日日期进行修正，将节假日的前一天统一纳入节假日的范围，标记为"小长假"。剔除节假日后客流量数据具有明显的周期趋势，周期为 7 天。选用 SARIMA 模型对非节假日的客流量数据进行拟合与预测，如代码 9-10 所示，得到的结果如图 9-11 所示。

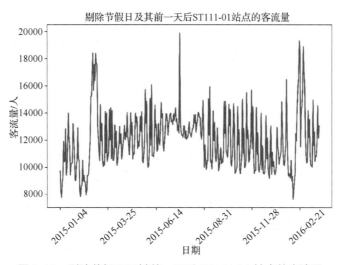

图 9-10 剔除节假日及其前一天后 ST111-01 站点的客流量

代码 9-10 非节假日客流量预测

```
import warnings
import itertools
import pandas as pd
import statsmodels.api as sm
import matplotlib.pyplot as plt
new_nh.index = range(len(new_nh))
train1 = pd.DataFrame(new_nh.iloc[0:378,0])
test1 = pd.DataFrame(new_nh.iloc[378:,0])
p = q = range(4)
d = range(2)
pdq = list(itertools.product(p,d,q))
seasonal_pdq = [(x[0],x[1],x[2],7)for x in list(itertools.product(p, d, q))]
print('Examples of parameter combinations for Seasonal ARIMA...')
print('SARIMAX: {} x {}'.format(pdq[1], seasonal_pdq[1]))
print('SARIMAX: {} x {}'.format(pdq[1], seasonal_pdq[2]))
print('SARIMAX: {} x {}'.format(pdq[2], seasonal_pdq[3]))
print('SARIMAX: {} x {}'.format(pdq[2], seasonal_pdq[4]))
warnings.filterwarnings("ignore") # specify to ignore warning messages
sa =[]
for param in pdq:
    for param_seasonal in seasonal_pdq:
        try:
```

```
                  mod = sm.tsa.statespace.SARIMAX(train1,
                                          order=param,
                                          seasonal_order=param_seasonal,
                                          enforce_stationarity=False,
                                          enforce_invertibility=False)
             results = mod.fit()
             print('ARIMA{}x{}7 - AIC:{}'.format(param, param_seasonal,
results.aic))
             sa.append(param)
             sa.append(param_seasonal)
             sa.append(results.aic)
         except:
             continue
AIC = [i for i in sa if type(i) == np.float64]
AIC_min = min(AIC)
for i in np.arange(2,len(sa),3):
     if sa[i] == min(AIC):
          param = sa[i-2]
          param_seasonal = sa[i-1]
mod = sm.tsa.statespace.SARIMAX(train1,
                              order=(param),
                              seasonal_order=(param_seasonal),
                              enforce_stationarity=False,
                              enforce_invertibility=False)
print('模型最终定阶为：', (param, param_seasonal))

results = mod.fit()
print(results.summary().tables[1])


results.plot_diagnostics(figsize=(15, 12))


pre_10 = results.predict(start=378, end=387,dynamic=True)
out_pre = pd.DataFrame(np.zeros([10,3]),columns = ['real','pre','error'])
out_pre['real'] = list(test1['on_man'])
out_pre['pre'] = list(pre_10)
```

```
# 计算相对误差
error_seasonal = (out_pre.ix[:,'pre']-out_pre.ix[:,'real'])/out_pre.ix
[:,'real']
# 平均相对误差
error_mean = abs(error_seasonal).mean()
print('预测平均相对误差为：', error_mean)
```

代码 9-10 的输出结果：模型最终定阶为((1,1,3),(0,1,3,7))，预测平均相对误差为 0.06007629455863023。

结合输出结果与图 9-11 可以看出模型拟合效果较好。此时，预测结果的残差服从正态分布，残差的均值为 0，且取值围绕 0 上下波动，表明模型拟合效果较好。在经过一次差分后，非节假日数据相关性降低，自相关系数长期低于 0.05，表明数据是平稳的且可以进行模型定阶。

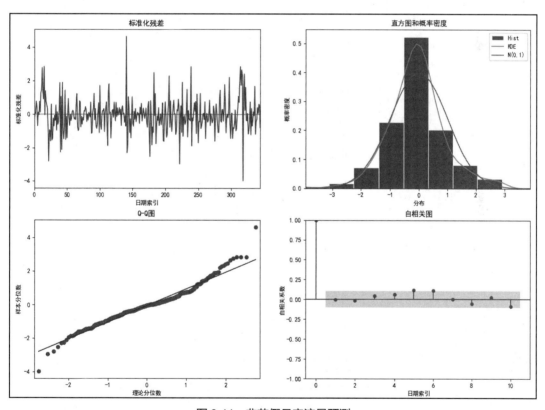

图 9-11　非节假日客流量预测

9.4.3　预测节假日客流量

节假日的客流量预测需要考虑两个因素：一是各个节假日的客流量不同；二是各个节假日的周期不同。如春节的周期比其他节假日的周期长，因此春节的客流量不会在一个时间点爆发式增长。所以找到一个可以衡量节假日客流量波动的量化指标是需要重点解决的问题。

1. 节假日客流量规律

下面通过可视化的方式展示 2015 年主要节假日的客流量情况，如代码 9-11 所示，得到的结果分别如图 9-12、图 9-13、图 9-14 所示。

代码 9-11 2015 年主要节假日客流量情况

```python
# 节假日客流量规律
# 由于之前步骤对 on_h 做了修改，所以此处重新载入
on_h = Train_ST111_01.groupby('date')['on_man'].sum()
on_h = pd.DataFrame(on_h)
on_h['date'] = 0
on_h['holiday'] = 0
# 添加日期和类型（工作日或者小长假）
for i in range(len(holiday)):
    for j in range(len(on_h)):
        if holiday.iloc[i,0] == on_h.index[j]:
            on_h.loc[on_h.index[j],'holiday'] = holiday.iloc[i,1]
            on_h.loc[on_h.index[j],'date'] = holiday.iloc[i,0]
# 2015 年春节
fig = plt.figure(figsize=(12,6))   # 设置画布
ax = fig.add_subplot(1, 1, 1)
ax.plot(on_h.ix['2015-01-19':'2015-02-18',0],color = 'blue')
ax.plot(on_h.ix['2015-02-18':'2015-02-25',0],color = 'red', linestyle=':')
ax.plot(on_h.ix['2015-02-25':'2015-03-01',0],color = 'blue')
plt.xlabel('日期')
plt.ylabel('上车人数/人')
plt.title('2015 年春节客流量')
plt.legend(['工作日','节假日'])
plt.xticks(rotation = 45)
plt.show()


# 2015 年劳动节
fig1 = plt.figure(figsize=(12,6))   # 设置画布
ax1 = fig1.add_subplot(1, 1, 1)
ax1.plot(on_h.ix['2015-04-27':'2015-05-01',0],color = 'blue')
ax1.plot(on_h.ix['2015-05-01':'2015-05-04',0],color = 'red', linestyle=':')
```

```
ax1.plot(on_h.ix['2015-05-04':'2015-05-11',0],color = 'blue')
plt.xlabel('日期')
plt.ylabel('上车人数/人')
plt.title('2015年劳动节客流量')
plt.legend(['工作日','节假日'])
plt.xticks(rotation = 45)
plt.show()


# 2015年国庆节和中秋节
fig2 = plt.figure(figsize=(12,6))   # 设置画布
ax2 = fig2.add_subplot(1, 1, 1)
ax2.plot(on_h.ix['2015-09-21':'2015-09-26',0],color = 'blue')
ax2.plot(on_h.ix['2015-09-26':'2015-09-28',0],color = 'red', linestyle=':')
ax2.plot(on_h.ix['2015-09-28':'2015-09-30',0],color = 'blue')
ax2.plot(on_h.ix['2015-09-30':'2015-10-08',0],color = 'red', linestyle=':')
ax2.plot(on_h.ix['2015-10-08':'2015-10-12',0],color = 'blue')
plt.xlabel('日期')
plt.ylabel('上车人数/人')
plt.title('2015年中秋节和国庆节客流量')
plt.legend(['工作日','节假日'])
plt.xticks(rotation = 45)
plt.show()
```

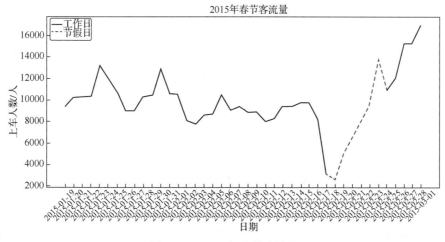

图 9-12　2015 年春节客流量

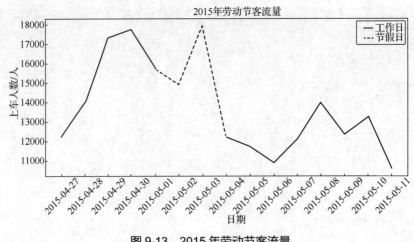

图 9-13　2015 年劳动节客流量

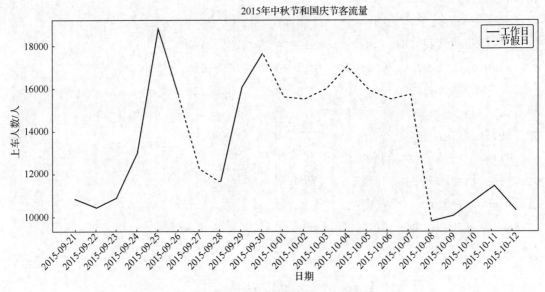

图 9-14　2015 年中秋节和国庆节客流量

　　由图 9-12 可以看出，春节的周期较长，进入 2 月后，回乡客流量开始慢慢减少，在除夕（2015-02-18）当天 ST111-01 站点迎来客流量的最低点；初一（2015-02-19）过后，ST111-01 站点的客流量开始缓慢升高，在初七（2015-02-25）左右恢复至平日的较高客流量水平，这个周期大概为 30 天。结合 2016 年的春节进一步分析，发现每年的客流量最低谷均在春节时出现，因为春节是中国的传统节日，在外乘车的旅客人数较少。

　　由图 9-13、图 9-14 可以看出，劳动节、中秋节和国庆节假期的前一天，站点的客流量会升高，节假日期间站点的客流量会保持在高位，假期过后又恢复非假期时的较低水平，假期的客流量呈现出明显的"双峰单谷"特性。原因是旅客往往会选择在假期之前出发，导致节假日前 1～2 天的客流量增长；假日期间客流量的持续转移也会造成站点客流量保持在高位；而由于假期即将结束，返程的客流量又将造成一个客流量的高峰。

2. 假期的相似性

对一个城市来说，每年的铁路客流量是有一定规律的，需要确认不同年份相同的节假日客流量是否会发生很大变化。下面绘制 2015 年和 2016 年春节客流量时序图进行对比，如代码 9-12 所示，得到的结果如图 9-15 所示。

代码 9-12　2015 年和 2016 年春节客流量比较

```
# 2015年和2016年春节客流量比较
compare = pd.DataFrame(on_h.ix['2015-02-05':'2015-02-26',0])
compare['2016'] = list(on_h.ix['2016-01-25':'2016-02-15',0])
compare.columns = ['2015','2016']
compare.index = range(len(compare))
plt.plot(compare.index, compare['2015'], linestyle=':')
plt.plot(compare.index, compare['2016'])
plt.legend(['2015','2016'])
plt.xlabel('日期')
plt.ylabel('客流量/人')
plt.title('2015年和2016年春节客流量比较')
```

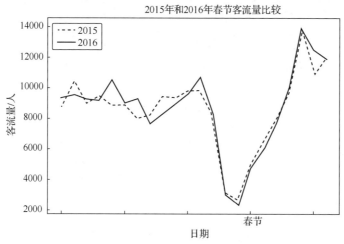

图 9-15　2015 年和 2016 年春节客流量比较

由图 9-15 可以看出，2015 年和 2016 年春节客流量的变化规律是相似的，春节前客流量处在低位，在除夕当天达到低谷，春节后开始缓慢升高。这也说明该城市人口变动不明显，每年相同假期的铁路出行客流量变化规律相似。因此，可以通过构造与假期相似性有关的指标来量化节假日的客流量波动，即节假日客流量的波动系数。

3. 节假日客流量预测

节假日的客流量相对于非节假日的客流量存在一个巨幅波动。为了衡量节假日对客流量的影响，现定义节假日客流量波动系数用于节假日客流量的预测。

Python 数据分析基础与案例实战

客流量波动系数定义为节假日当天的客流量与所有非节假日客流量均值之比，用 γ 表示，如式（9-1）所示。

$$\gamma = \frac{M_i}{\bar{M}}$$ (9-1)

式中，M_i 表示节假日当天站点的上车客流量；$\bar{M}$ 表示前 30 天非节假日站点的客流量均值。

用 30 天的均值表示客流量均值是因为一个月内一个城市的人口变化不会太大，一个月之内的客流量基本能反映这个城市客流移动的状况。

（1）当 $\gamma > 1$ 时，说明当天的客流量大于非节假日客流量的均值，客流量有增长的趋势。

（2）当 $\gamma = 1$ 时，说明当天的客流量等于非节假日客流量的均值，客流量没有变化。

（3）当 $\gamma < 1$ 时，说明当天的客流量小于非节假日客流量的均值，客流量有减小的趋势。

下面根据假期客流量的相似性，构造 2015 年春节的客流量波动系数，以预测 2016 年春节的客流量，如代码 9-13 所示，得到的结果分别如图 9-16 和图 9-17 所示。

代码 9-13　2016 年春节客流量预测

```python
# 2015 年春节客流量波动系数
import math
M = on_h.ix['2015-01-01':'2015-02-17']
M = M[M.ix[:,'holiday'] != '小长假']
M1 = on_h.ix['2015-01-01':'2015-02-07']
M1 = M1[M1.ix[:,'holiday'] != '小长假']
B_coef = []
# 春节前 10 天
for i in on_h.ix['2015-02-08':'2015-02-17',:].index:
    B_coef.append('%.2f'%(on_h.ix[i,'on_man']/math.ceil(M1.iloc[-30:].mean())))
# 春节及春节后两天
for i in on_h.ix['2015-02-18':'2015-02-26',:].index:
    B_coef.append('%.2f'%(on_h.ix[i,'on_man']/math.ceil(M.iloc[-30:].mean())))
# math.ceil()用于向上取整
B_coef = pd.DataFrame(B_coef)
B_coef.columns = ['on_man']
B_coef[u'on_man'] = B_coef[u'on_man'].astype(float)

fig3 = plt.figure(figsize=(8,6))  # 设置画布
ax3 = fig3.add_subplot(1, 1, 1)
ax3.plot(B_coef.iloc[:,0],color = 'blue')
plt.xlabel('Index')
plt.ylabel('系数')
plt.title('2015 年春节客流量波动系数')
```

```
# 设置数字标签
for a, b in zip(B_coef.index, B_coef.iloc[:,0]):
    plt.text(a, b, b, ha='center', va='bottom', fontsize=20)
plt.legend()
plt.show()



# 预测 2016 年春节客流量
MM = on_h.ix['2015-01-01':'2016-02-06',:]
MM = MM[MM.ix[:,'holiday'] != '小长假']
MM_mean = math.ceil(MM.iloc[-30:].mean())
MM1 = on_h.ix['2015-01-01':'2016-01-27',:]
MM1 = MM1[MM1.ix[:,'holiday'] != '小长假']
MM1_mean = math.ceil(MM1.iloc[-30:].mean())
pre_2016_b = B_coef.iloc[0:10,0]*MM1_mean
pre_2016_a = B_coef.iloc[10:,0]*MM_mean
pre_2016 = pd.DataFrame(on_h.ix['2016-01-28':'2016-02-15',0])
pre_2016['pre'] = 0
pre_2016.ix[0:10,'pre'] = list(pre_2016_b)
pre_2016.ix[10:,'pre'] = list(pre_2016_a)
pre_2016.columns=['real','pre']
plt.plot(pre_2016.index, pre_2016.real)
plt.plot(pre_2016.index, pre_2016.pre, linestyle=':')
plt.xticks(rotation=45)
plt.legend(['真实','预测'])
plt.xlabel('时间')
plt.ylabel('客流量/人')
plt.title('预测 2016 年春节客流量')


# 计算相对误差
error_pre = (pre_2016.ix[:,'pre']-pre_2016.ix[:,'real'])/pre_2016.ix[:,'real']
# 平均相对误差
error_pre_mean = abs(error_pre).mean()
print('预测的平均相对误差为: ', error_pre_mean)
```

由图 9-16 可以看出，春节假期前客流量波动系数小于 1，这表示客流量低于非节假日的均值，可能是在此之前已经有部分人回家导致客流量降低；而在春节的 3 天前出现一个小的峰值，代表直到此时才放假的一批归家人群；春节后迅速达到一个返程高峰期，呈现"两峰一谷"现象。

由图 9-17 可以看出，模型对于 2016 年的客流量预测是比较准确的。运行代码 9-13 得到的预测的平均相对误差为 0.11728942913128518，这也说明模型的预测效果较为理想。

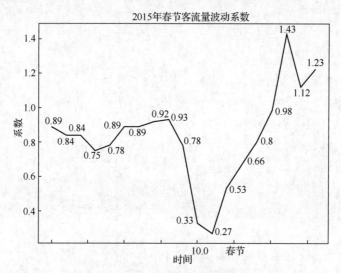

图 9-16　2015 年春节客流量波动系数

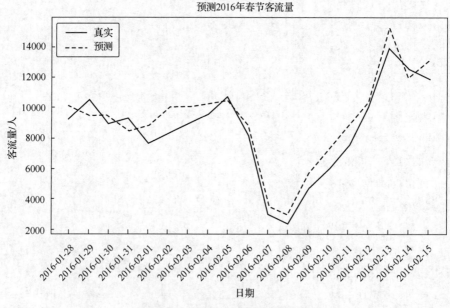

图 9-17　预测 2016 年春节客流量

小结

本章讲解了铁路站点客流量预测案例。首先对客流量数据进行预处理，并探索预处理后的数据。然后采用 SARIMA 模型对非节假日数据进行拟合，使用通过检验的模型对铁路客流量进行预测。对于节假日数据，则利用 2015 年同期数据构造出节假日客流量波动系数，使用该系数对 2016 年的春节客流量进行预测。

课后习题

操作题

"9.csv" 提供了某汽车租赁公司每日车辆出租数据，部分数据如表 9-3 所示。

表 9-3　部分出租数据

日期	出租数量/辆
1999/1/4	118
1999/1/5	117
1999/1/6	116
1999/1/7	116
1999/1/8	115
1999/1/9	115
1999/1/10	115
1999/1/11	116
1999/1/12	116

对 "9.csv" 进行以下操作并对未来 3 个月的出租数量进行预测，步骤如下。

（1）读取数据。

（2）数据分析。

（3）检验平稳性。

（4）选择模型。

（5）模型定阶。

第 ⑩ 章 基于 TipDM 大数据挖掘建模平台实现运输车辆驾驶行为分析

在第 7 章介绍了运输车辆驾驶行为分析的相关内容，本章将重点介绍使用数据挖掘工具——TipDM 大数据挖掘建模平台，通过该平台实现驾驶行为分析。相较于传统的 Python 解析器，TipDM 大数据挖掘建模平台具有流程化、去编程化等特点，能满足不懂编程的用户使用数据挖掘技术的需求。

学习目标

（1）了解 TipDM 大数据挖掘建模平台的相关概念和特点。

（2）熟悉使用 TipDM 大数据挖掘建模平台配置案例的总体流程。

（3）掌握使用 TipDM 大数据挖掘建模平台获取数据的方法。

（4）掌握使用 TipDM 大数据挖掘建模平台进行分布分析、相关性分析、异常值检测等操作。

（5）掌握使用 TipDM 大数据挖掘建模平台进行聚类分析、模型构建、模型评估等操作。

10.1 TipDM 大数据挖掘建模平台简介

TipDM 大数据挖掘建模平台是由广东泰迪智能科技股份有限公司自主研发，面向大数据挖掘项目的工具。平台使用 Java 语言开发，采用 B/S 结构（Browser/Server，浏览器/服务器模式），用户不需要下载客户端，可通过浏览器进行访问。平台具有支持多种语言、操作简单、无须编程语言基础等特点，以流程化的方式将数据输入/输出、统计分析、数据预处理、挖掘与建模等环节进行连接，从而实现大数据挖掘的目的。平台界面如图 10-1 所示。

读者可通过访问平台查看具体的界面情况。

（1）微信搜索公众号"泰迪学社"或"TipDataMining"，关注公众号。

（2）关注公众号后，回复"建模平台"，获取平台访问方式。

图 10-1　平台界面

　　本章将以运输车辆驾驶行为分析案例为例，介绍如何使用平台实现案例分析。在介绍之前，需要引入平台的几个概念，其基本介绍如下。

　　（1）算法：将建模过程中涉及的输入/输出、数据探索、数据预处理、绘图、建模等操作分别进行封装，每一个封装好的模块称之为算法。算法分为系统算法和个人算法。系统算法可供所有用户使用，个人算法由个人用户编辑，仅供个人账号使用。

　　（2）工程：为实现某一数据挖掘目标，将各算法通过流程化的方式进行连接，整个数据流程称为一个工程。

　　（3）参数：每个算法都有提供给用户进行设置的内容，这部分内容称为参数。

　　（4）共享库：用户可以将配置好的工程、数据集，分别公开到模型库、数据集库中作为模板，分享给其他用户，其他用户可以使用共享库中的模板，创建一个无须配置算法便可运行的工程。

　　TipDM 大数据挖掘建模平台主要有以下几个特点。

　　（1）平台算法基于 Python、R 以及 Hadoop/Spark 分布式引擎，用于数据分析。Python、R 以及 Hadoop/Spark 是常见的用于数据分析的语言或工具，高度契合行业需求。

　　（2）用户可在没有 Python、R 或者 Hadoop/Spark 编程基础的情况下，使用直观的拖曳式图形界面构建数据分析流程，无须编程。

　　（3）提供公开可用的数据分析示例实训，一键创建，快速运行。支持挖掘流程每个节点的结果在线预览。

　　（4）平台包含 Python、Spark、R 三种工具的算法包，用户可以根据实际需求灵活选择不同的语言进行数据挖掘建模。

　　下面将对平台"共享库""数据连接""数据集""我的工程"和"个人算法"这 5 个模块进行介绍。

10.1.1 共享库

登录平台后，用户即可看到"共享库"模块系统提供的示例工程（模板），如图 10-1 所示。

"共享库"模块主要用于标准大数据挖掘建模案例的快速创建和展示。通过"共享库"模块，用户可以创建一个无须导入数据及配置参数就能够快速运行的工程。用户可以将自己搭建的工程公开到"共享库"模块，作为工程模板，供其他用户一键创建。同时，每一个模板的创建者都具有模板的所有权，能够对模板进行管理。

10.1.2 数据连接

"数据连接"模块支持从 DB2、SQL Server、MySQL、Oracle、PostgreSQL 等常用关系数据库导入数据，导入数据时的"新建连接"对话框如图 10-2 所示。

10.1.3 数据集

"数据集"模块主要用于数据挖掘建模工程中数据的导入与管理。支持从本地导入任意类型的数据。导入数据时的"新增数据集"对话框如图 10-3 所示。

图 10-2 "新建连接"对话框

图 10-3 "新增数据集"对话框

10.1.4　我的工程

"我的工程"模块主要用于数据挖掘建模流程化的创建与管理，工程示例流程如图 10-4 所示。通过单击"工程"栏下的 📄（"新建工程"）按钮，用户可以创建空白工程并通过"组件"栏下的算法进行工程配置，将数据输入/输出、预处理、挖掘建模、模型评估等环节通过流程化的方式进行连接，达到数据挖掘与分析的目的。对于完成度优秀的工程，可以将其公开到"共享库"中，作为模板让其他使用者学习和借鉴。

图 10-4　工程示例流程

在"组件"栏下，平台提供了 Python、R 语言和 Spark 三种算法供用户使用，如图 10-5 所示。

图 10-5　平台提供的系统算法

Python 算法包包含脚本、预处理、统计分析、时间序列、分类、模型评估、模型预测、回归、聚类、关联规则、文本分析、深度学习和绘图，共 13 大类，具体如下。

（1）"脚本"类提供一个 Python 代码编辑框。用户可以在代码编辑框中粘贴已经写好的程序代码并直接运行，无须再额外配置成算法。

（2）"预处理"类提供对数据进行预处理的算法，包括数据标准化、缺失值处理、表堆叠、数据筛选、行列转置、修改列名、衍生变量、数据拆分、主键合并、新增序列、数据排序、记录去重和分组聚合等。

（3）"统计分析"类提供对数据整体情况进行统计的常用算法，包括因子分析、全表统计、正态性检验、相关性分析、卡方检验、主成分分析和频数统计等。

（4）"时间序列"类提供常用的时间序列算法，包括 ARCH、AR 模型、MA 模型、灰色预测、模型定阶和 ARIMA 等。

（5）"分类"类提供常用的分类算法，包括朴素贝叶斯、支持向量机、CART 分类树、逻辑回归、神经网络和 K 最近邻等。

（6）"模型评估"类提供了用于模型评价的算法，包括模型评估。

（7）"模型预测"类提供了用于模型预测的算法，包括模型预测。

（8）"回归"类提供常用的回归算法，包括 CART 回归树、线性回归、支持向量回归和 K 最近邻回归等。

（9）"聚类"类提供常用的聚类算法，包括层次聚类、DBSCAN 密度聚类和 K-Means 聚类等。

（10）"关联规则"类提供常用的关联规则算法，包括 FP-Max、Apriori、HotSpot 和 FP-Growth。

（11）"文本分析"类提供对文本数据进行清洗、特征提取与分析的常用算法，包括情感分析、文本过滤、内容展平、TF-IDF、停词器、文本分词和分词器等。

（12）"深度学习"类提供常用的深度学习算法，包括循环神经网络、ALS（Alternating Least Squares，交替最小二乘）和卷积神经网络。

（13）"绘图"类提供常用的画图算法，可以绘制柱形图、折线图、散点图、饼图和词云图等。

R 语言算法包包含脚本、预处理、统计分析、分类、时间序列、聚类、回归和关联分析，共 8 大类，具体如下。

（1）"脚本"类提供一个 R 语言代码编辑框。用户可以在代码编辑框中粘贴已经写好的代码并直接运行，无须再额外配置成算法。

（2）"预处理"类提供对数据进行预处理的算法，包括缺失值处理、异常值处理、表连接、表堆叠、数据标准化、记录去重、数据离散化、数据拆分、频数统计和衍生变量等。

（3）"统计分析"类提供对数据整体情况进行统计的常用算法，包括卡方检验、因子分析、主成分分析、相关性分析、正态性检验和全表统计。

（4）"分类"类提供常用的分类算法，包括朴素贝叶斯、CART 分类树、C4.5 分类树、BP 神经网络、KNN、SVM 和逻辑回归。

（5）"时间序列"类提供常用的时间序列算法，包括时间序列分解、ARIMA 和指数平滑等。

（6）"聚类"类提供常用的聚类算法，包括 K-Means 聚类、DBSCAN 密度聚类和系统聚类。

（7）"回归"类提供常用的回归算法，包括 CART 回归树、C4.5 回归树、线性回归、岭回归和 KNN 回归。

（8）"关联分析"类提供常用的关联规则算法，包括 Apriori 等。

Spark 算法包包含预处理、统计分析、分类、聚类、回归、降维、协同过滤和频繁模式挖掘，共 8 大类，具体如下。

（1）"预处理"类提供对数据进行预处理的算法，包括数据去重、数据过滤、数据映射、数据反映射、数据拆分、数据排序、缺失值处理、数据标准化、衍生变量、表连接、表堆叠和数据离散化等。

（2）"统计分析"类提供对数据整体情况进行统计的常用算法，包括行列统计、全表统计、相关性分析和重复值缺失值探索。

（3）"分类"类提供常用的分类算法，包括逻辑回归、决策树、梯度提升树、朴素贝叶斯、随机森林、线性支持向量机和多层感知神经网络等。

（4）"聚类"类提供常用的聚类算法，包括 K-Means 聚类、二分 K 均值聚类和混合高斯模型等。

（5）"回归"类提供常用的回归算法，包括线性回归、广义线性回归、决策树回归、梯度提升树回归、随机森林回归和保序回归等。

（6）"降维"类提供常用的数据降维算法，包括 PCA 降维等。

（7）"协同过滤"类提供常用的智能推荐算法，包括 ALS 算法、ALS 推荐和 ALS 模型预测。

（8）"频繁模式挖掘"类提供常用的频繁项集挖掘算法，包括 FP-Growth 等。

10.1.5　个人算法

"个人算法"模块主要是为了满足用户的个性化需求。用户在使用过程中，可根据自己的需求定制算法，方便使用。目前个人算法支持通过 Python 和 R 语言进行个人算法的定制，定制个人算法如图 10-6 所示。

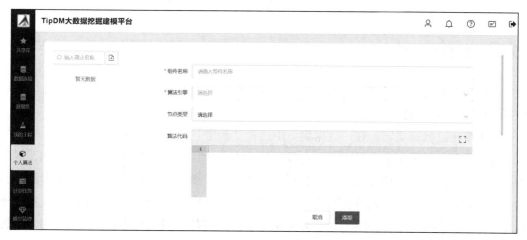

图 10-6　定制个人算法

10.2 实现运输车辆驾驶行为分析

本小节以运输车辆驾驶行为分析案例为例，在 TipDM 大数据挖掘建模平台上配置对应工程，展示数据挖掘流程中的数据获取、数据探索、分析与建模的配置过程。

在 TipDM 大数据挖掘建模平台上配置运输车辆驾驶行为分析案例，主要包括以下 4 个步骤。

（1）导入数据。在 TipDM 大数据挖掘建模平台上导入驾驶行为指标数据。

（2）数据探索分析。对原始数据进行分布分析、相关性分析和异常值检测。

（3）聚类分析。对驾驶行为进行聚类分析。

（4）模型构建。构建驾驶行为判别模型，并对驾驶行为进行预测评价。

在平台上配置得到的运输车辆驾驶行为分析的最终流程如图 10-7 所示。

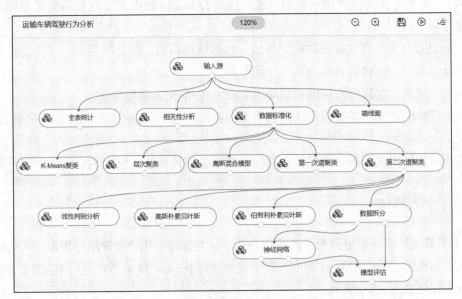

图 10-7 运输车辆驾驶行为分析案例流程

10.2.1 数据源配置

本章的数据为车辆驾驶行为指标数据，该数据文件为 CSV 文件，使用 TipDM 大数据挖掘建模平台导入数据，步骤如下。

（1）单击"数据集"，在"数据集"中选择"新增"，如图 10-8 所示。

（2）设置新增数据集参数。任意选择一张封面图片，在"名称"中填入"运输车辆驾驶行为分析"，"有效期（天）"项选择"永久"，"描述"中填入"运输车辆驾驶行为分析的相关数据存放至车辆驾驶行为指标数据.csv 文件中"，单击"点击上传"选择"车辆驾驶行为指标数据.csv"数据，如图 10-9 所示。等到数据载入成功后，单击"确定"按钮，即可上传数据。

图 10-8　新增数据集

图 10-9　新增数据集参数设置

当数据上传完成后，新建一个名为"运输车辆驾驶行为分析"的空白工程，步骤如下。

（1）新建空白工程。单击"我的工程"，单击 ⊡ 按钮，新建一个空白工程。

（2）在新建工程页面填写相关的信息，包括名称和描述，如图 10-10 所示。

在"运输车辆驾驶行为分析"工程中配置一个"输入源"算法，步骤如下。

（1）在"工程"栏旁边的"组件"栏中找到"内置组件"下的"输入/输出"类，拖曳"输入/输出"类中的"输入源"算法至工程画布中。

（2）配置"输入源"算法。单击画布中的"输入源"算法，然后单击工程画布右侧"参数配置"栏中的"数据集"框，输入"运输车辆驾驶行为分析"；在弹出的下拉框中选择"运输车辆驾驶行为分析"，在"文件列表"中选择"车辆驾驶行为指标数据.csv"数据，如图 10-11 所示（注意：由于平台限制了各框架的大小，所以可能会导致一些输入内容显示不全）。

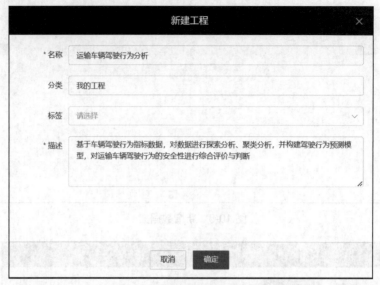

图 10-10　填写工程的相关信息

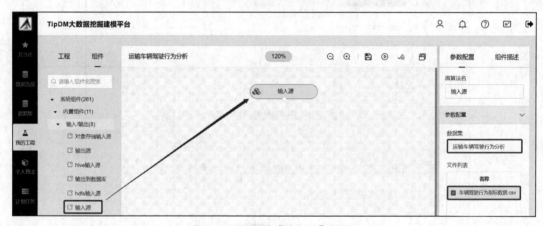

图 10-11　配置"输入源"算法

（3）加载数据。右键单击"输入源"算法，选择"运行该节点"。运行完成后，可看到"输入源"算法变为绿色，如图 10-12 所示。

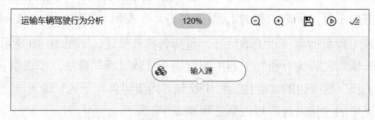

图 10-12　加载数据

（4）右键单击运行完成后的"输入源"算法，选择"查看日志"，可看到"数据载入成功"的信息，如图 10-13 所示，说明已成功将车辆驾驶行为指标数据加载到平台上。

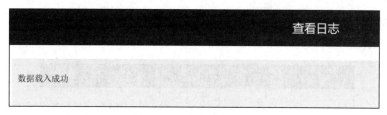

图 10-13　数据载入成功

10.2.2　数据探索分析

本小节数据探索分析主要是对车辆驾驶行为指标数据进行分布分析、相关性分析、异常值检测等内容。

1. 分布分析

通常情况下，在进行分析与建模之前，需要对数据进行分布分析，其目的是及时发现数据中的分布规律，查看各属性的基本情况，为后续数据分析工作做准备。对加载后的车辆驾驶行为指标数据进行分布分析，步骤如下。

（1）拖曳一个"全表统计"算法至工程画布中，连接"输入源"算法和"全表统计"算法。

（2）配置"全表统计"算法。单击画布中的"全表统计"算法，在"字段设置"中，单击"特征"旁的 ↻ 按钮后，勾选除"车辆编码"之外的所有字段，如图 10-14 所示；"参数设置"中保持默认选择。

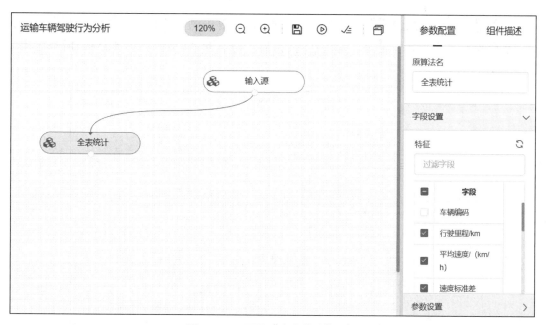

图 10-14　配置"全表统计"算法

Python 数据分析基础与案例实战

（3）预览数据。右键单击"全表统计"算法，选择"运行该节点"；运行完成后，右键单击该算法，选择"查看日志"，其结果如图 10-15 所示。

	count	mean	std	min	50%	max	null
行驶里程/km	448.0	2503.872768	4230.583008	-1408.000000	1571.000000	65282.000000	0
平均速度/（km/h）	448.0	48.877510	12.190811	15.209877	47.423362	86.149386	0
速度标准差	448.0	19.004390	5.256093	6.413173	17.372950	29.935841	0
速度差值标准差	448.0	2.150201	1.025877	0.434395	2.056110	19.927905	0
急加速/次	448.0	31.029018	507.571378	0.000000	3.000000	10683.000000	0
急减速/次	448.0	35.843750	508.251952	0.000000	6.500000	10700.000000	0
疲劳驾驶/次	448.0	5.488839	3.424463	0.000000	5.000000	20.000000	0
熄火滑行/次	448.0	17.357143	19.937871	0.000000	13.000000	277.000000	0
超长怠速/次	448.0	134.732143	76.479470	3.000000	124.500000	479.000000	0
急加速频率/（次/千米）	448.0	0.029542	0.520108	-0.002131	0.001642	11.002060	0
急减速频率/（次/千米）	448.0	0.034657	0.520839	-0.001420	0.003361	11.019567	0
疲劳驾驶频率/（次/千米）	448.0	0.007136	0.047314	-0.004972	0.002947	1.000000	0
熄火滑行频率/（次/千米）	448.0	0.023302	0.107524	-0.003551	0.007466	2.000000	0

图 10-15　预览"全表统计"的数据

由全表统计运行结果可以看到，各属性的记录数、均值、标准差、最大值和最小值等信息。

2. 相关性分析

对车辆驾驶行为指标数据进行相关性分析，计算出各属性两两之间的相关系数，能更直观地看出各属性之间的相关程度，其步骤如下。

（1）拖曳一个"相关性分析"算法至工程画布中，连接"输入源"算法和"相关性分析"算法。

（2）配置"相关性分析"算法的"字段设置"。单击画布中的"相关性分析"算法，在"字段设置"中单击"特征"旁的 ⟳ 按钮后，勾选除"车辆编码"以外的所有字段，如图 10-16 所示。

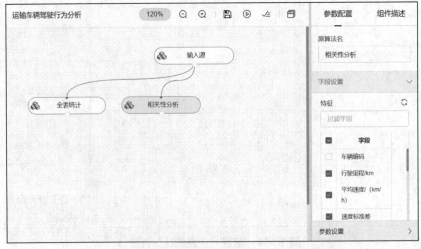

图 10-16　配置"相关性分析"算法的"字段设置"

218

（3）配置"相关性分析"算法的"参数设置"。在"参数设置"中，"相关性系数"选择"标准相关系数"，如图 10-17 所示。

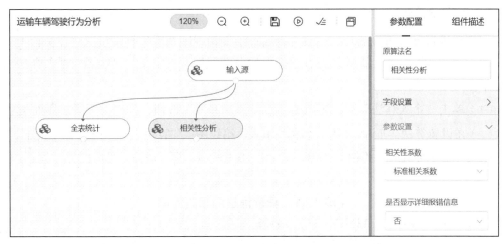

图 10-17　配置"相关性分析"算法的"参数设置"

（4）预览日志。右键单击"相关性分析"算法，选择"运行该节点"；运行完成后，右键单击该算法，选择"查看日志"，其结果如图 10-18 所示。

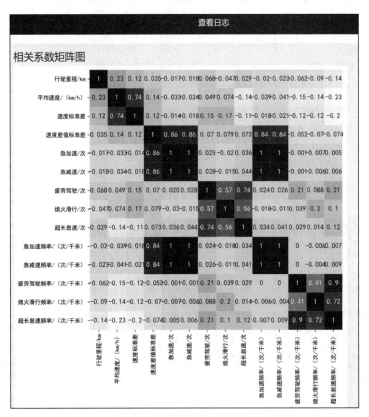

图 10-18　预览"相关性分析"的日志

Python 数据分析基础与案例实战

由图 10-18 可以看到各属性之间的相关系数，其中，急加速与急加速频率、急减速与急减速频率等的相关系数均较大，达到了 0.8 以上，具有较强的相关关系。

3. 异常值检测

用户在进行异常值检测时，一般可以通过绘制箱线图查看其异常情况。在平台上，可以自定义"箱线图"个人算法，查看数据中的异常数据。自定义"箱线图"个人算法的步骤如下。

（1）单击"个人算法"后，再单击 ▣（添加算法）按钮，弹出设置算法界面信息。

（2）在设置算法界面中，"组件名称"填入"箱线图"，"算法引擎"选择"Python"，"算法代码"填入异常值检测的相关代码，如代码 10-1 所示。填写相关信息后的界面如图 10-19 所示。

代码 10-1　异常值检测相关代码

```
# Warn: 启用交互编程后，此处的代码不会被执行
# <editable>
# @input(name='data_in', cat='DATA')
# @param(name='y_columns', label='数值列', type='grid', valueFrom='data_in',
allowMultiple=true, description='可以选择多列内容作为数值展示')
# </editable>


%load_ext tipdmmagic
%verify_columns -p true y_columns
import pandas as pd
import matplotlib.pyplot as plt
plt.rcParams['font.sans-serif'] = ['SimHei']


df = pd.read_csv(data_in)
y_label = df.columns.values[y_columns]
df_data = df.loc[:, y_label].astype(float)


for i in range(len(y_columns)):
    plt.figure()
    df_data.boxplot(df.columns[y_columns[i]])
    plt.show()
```

（3）设置完相关信息后，单击"添加"按钮，即可成功添加"箱线图"个人算法。

在平台中可通过"箱线图"个人算法对车辆运输指标数据进行异常值检测，步骤如下。

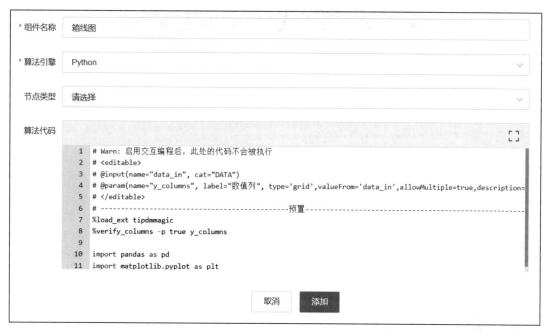

图 10-19　填写"箱线图"个人算法的相关信息

（1）拖曳一个个人算法"箱线图"至工程画布中，连接"输入源"算法和"箱线图"算法。

（2）配置"箱线图"算法。单击画布中的"箱线图"算法，在"参数配置"中，单击"数值列"旁的 ⟳ 按钮后，勾选"行驶里程/km""疲劳驾驶/次""熄火滑行/次""超长怠速/次"字段，如图 10-20 所示。

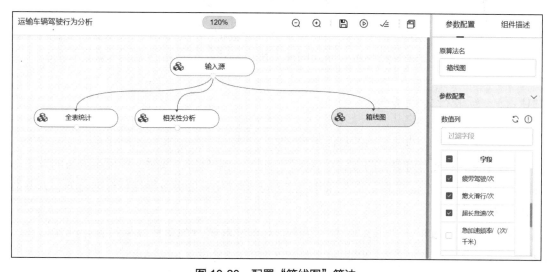

图 10-20　配置"箱线图"算法

（3）预览日志。右键单击"箱线图"算法，选择"运行该节点"，运行完成后，右键单击该算法，选择"查看日志"，其部分结果如图 10-21 所示。

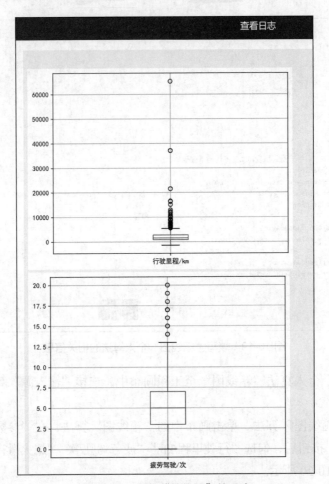

图 10-21　预览"箱线图"的日志

由异常值检测结果可知，数据中存在部分异常数据，说明存在一些不良的驾驶行为数据，且该数据符合本案例的分析方向。因此，为保证后续的分析结果，不做异常值处理。

10.2.3　驾驶行为聚类分析

为了查看各车辆驾驶行为的具体类型，本小节将分别使用 K-Means 聚类、层次聚类、高斯混合模型聚类和谱聚类的方法对驾驶行为进行聚类分析，并对比各聚类方法的效果。注意：在进行聚类分析之前，需先采用 Z-Score 标准化方法对数据进行标准化处理，使数据标准统一化。

在平台中可通过"数据标准化"算法，对车辆驾驶行为指标数据进行标准化处理，步骤如下。

（1）拖曳一个"数据标准化"算法至工程画布中，连接"输入源"算法和"数据标准化"算法。

（2）配置"数据标准化"算法。单击画布中的"数据标准化"算法，在"参数设置"

中单击"特征"旁的 ⟳ 按钮后，选择除"车辆编码"以外的所有字段；在"标准化方式"中选择"标准差标准化"，如图 10-22 所示。

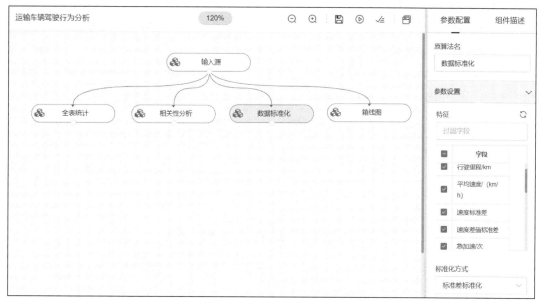

图 10-22 配置"数据标准化"算法

（3）预览数据。右键单击"数据标准化"算法，选择"运行该节点"，运行完成后，右键单击该算法，选择"查看数据"，其结果如图 10-23 所示。

预览数据				
车辆编码	行驶里程/km	平均速度/ (km/h)	速度标准差	速度差值标准差
AA00001	0.948713026394128	1.1432239035497485	1.5295737309225885	-0.5707869958439128
AA00002	-0.4152700969882977	1.018837067857532	1.93020708384942	-0.5822688678109477
AA00004	-0.4512391175910265	0.32912166934000636	1.053556862003678	-0.09613473178559218
AA00036	-0.520574137568655	0.05251566580280886	1.537743718913598	-1.1239764660326517
AA00045	-0.5399784776306534	0.03719117155577823	0.612462484020411	-0.039535308077420506
AA00051	-0.28085954631494275	0.5700309021656594	1.1516212044740926	1.0369633814251351
AA00052	-0.3589501831498145	0.928905530013685	0.9628349331746622	-0.39529217451246235

图 10-23 预览"数据标准化"的日志

由图 10-23 可知，已成功将数据进行标准化处理。

1. K-Means 聚类

下面通过 K-Means 聚类算法对车辆驾驶行为进行分类，步骤如下。

（1）创建一个"K-Means 聚类"个人算法。由于 10.2.2 小节已介绍过个人算法的自定义方法，且 10.2.3 和 10.2.4 小节均有自定义个人算法的内容，因此，为避免章节篇幅过长，后续涉及个人算法的相关内容，本章将不再重复说明。关于个人算法的代码部分，读者可查看工程文件中对应组件的源码。

（2）拖曳一个已创建好的个人算法"K-Means 聚类"至工程画布中，连接"数据标准化"算法和"K-Means 聚类"算法。

（3）配置"K-Means 聚类"算法的"字段设置"。单击画布中的"K-Means 聚类"算法，在"字段设置"中，单击"特征"旁的 ⟳ 按钮后，选择除"车辆编码"以外的所有字段，如图 10-24 所示。

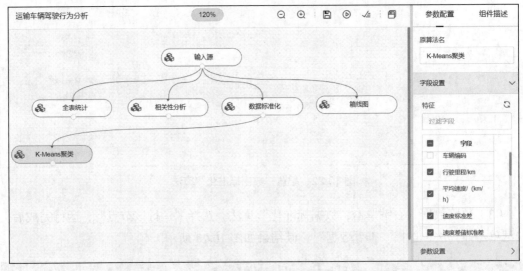

图 10-24　配置"K-Means 聚类"算法的"字段设置"

（4）配置"K-Means 聚类"算法的"参数设置"。在"参数设置"中将"聚类数"设为"3"，如图 10-25 所示。

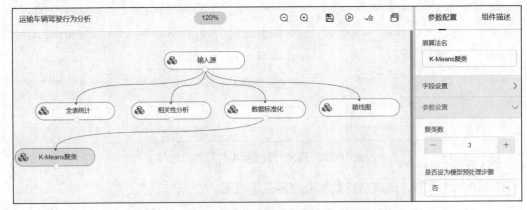

图 10-25　配置"K-Means 聚类"算法的"参数设置"

（5）预览日志。右键单击"K-Means 聚类"算法，选择"运行该节点"，运行完成后，右键单击该算法，选择"查看日志"，其结果如图 10-26 所示。

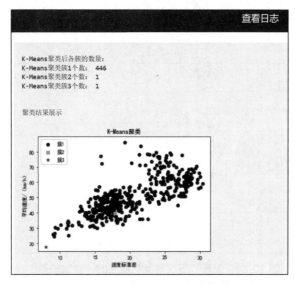

图 10-26　预览"K-Means 聚类"的日志

由图 10-26 可知,进行 K-Means 聚类后,所得到的聚类簇 1 个数为 446、簇 2 个数为 1、簇 3 个数为 1,且由展示图可以看出,K-Means 的聚类效果并不理想。

2. 层次聚类

通过层次聚类算法,对车辆驾驶行为进行分类,步骤如下。

(1)创建一个"层次聚类"个人算法。

(2)拖曳一个已创建好的个人算法"层次聚类"至工程画布中,连接"数据标准化"算法和"层次聚类"算法。

(3)配置"层次聚类"算法的"字段设置"。单击画布中的"层次聚类"算法,在"字段设置"中,单击"特征"旁的 ⟳ 按钮后,选择除"车辆编码"以外的所有字段,如图 10-27 所示。

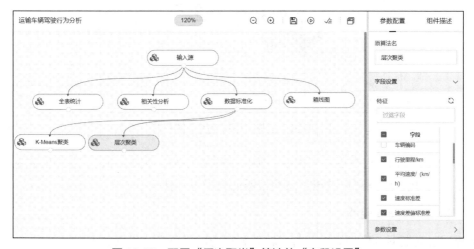

图 10-27　配置"层次聚类"算法的"字段设置"

（4）配置"层次聚类"算法的"参数设置"。在"参数设置"中将"聚类数"设置为"3"，如图 10-28 所示。

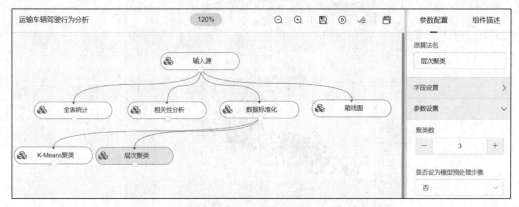

图 10-28　配置"层次聚类"算法的"参数设置"

（5）预览日志。右键单击"层次聚类"算法，选择"运行该节点"，运行完成后，右键单击该算法，选择"查看日志"，其结果如图 10-29 所示。

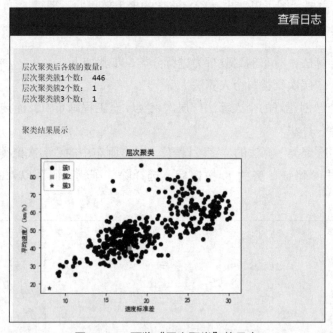

图 10-29　预览"层次聚类"的日志

由图 10-29 可知，进行层次聚类后，所得到的聚类簇 1 个数为 446、簇 2 个数为 1、簇 3 个数为 1，且由展示图可以看出，层次聚类的效果也不佳。

3. 高斯混合模型聚类

下面通过高斯混合模型算法，对车辆驾驶行为进行分类，步骤如下。

（1）创建一个"高斯混合模型"个人算法。

（2）拖曳一个已创建好的个人算法"高斯混合模型"至工程画布中，连接"数据标准化"算法和"高斯混合模型"算法。

（3）配置"高斯混合模型"算法的"字段设置"。单击画布中的"高斯混合模型"算法，在"字段设置"中单击"特征"旁的 ◌ 按钮后，选择除"车辆编码"以外的所有字段，如图 10-30 所示。

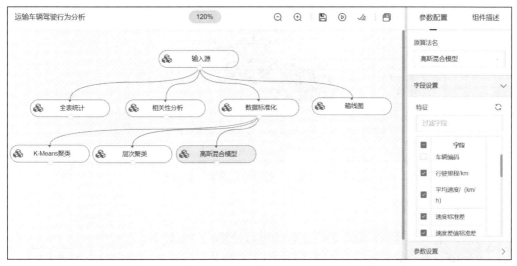

图 10-30　配置"高斯混合模型"算法的"字段设置"

（4）配置"高斯混合模型"算法的"参数设置"。在"参数设置"中将"K 值"设为"3"，如图 10-31 所示。

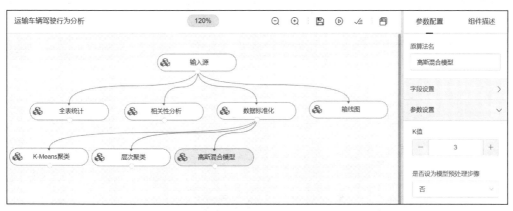

图 10-31　配置"高斯混合模型"算法的"参数设置"

（5）预览日志。右键单击"高斯混合模型"算法，选择"运行该节点"，运行完成后，右键单击该算法，选择"查看日志"，其结果如图 10-32 所示。

由图 10-32 可知，进行高斯混合模型聚类后，所得到的聚类簇 1 个数为 276、簇 2 个数为 1、簇 3 个数为 171，且由展示图可以看出，高斯混合模型的聚类效果依然欠佳。

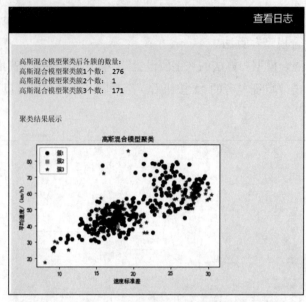

图 10-32　预览"高斯混合模型"的日志

4. 谱聚类

下面通过谱聚类算法，对车辆驾驶行为进行分类，步骤如下。

（1）创建一个"谱聚类"个人算法。

（2）拖曳一个已创建好的个人算法"谱聚类"至工程画布中，并将该算法重命名为"第一次谱聚类"，连接"数据标准化"算法和"第一次谱聚类"算法。

（3）配置"第一次谱聚类"算法的"字段设置"。单击画布中的"第一次谱聚类"算法，在"字段设置"中，单击"特征"旁的 ⟳ 按钮后，选择除"车辆编码"以外的所有字段，如图 10-33 所示。

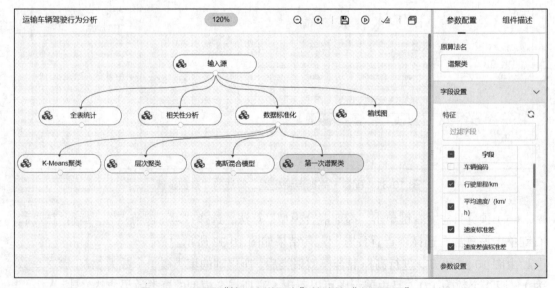

图 10-33　配置"第一次谱聚类"算法的"字段设置"

（4）配置"第一次谱聚类"算法的"参数设置"。在"参数设置"中将"聚类数"设置为"3"，如图 10-34 所示。

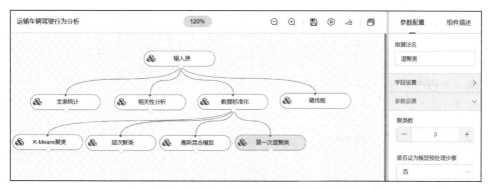

图 10-34　配置"第一次谱聚类"算法的"参数设置"

（5）预览日志。右键单击"第一次谱聚类"算法，选择"运行该节点"，运行完成后，右键单击该算法，选择"查看日志"，其结果如图 10-35 所示。

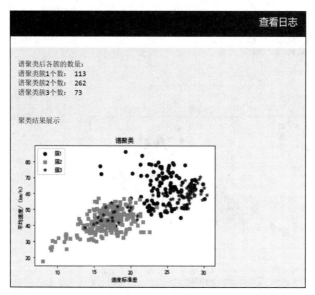

图 10-35　预览"第一次谱聚类"的日志

由图 10-35 可知，进行第一次谱聚类后，所得到的谱聚类簇 1 个数为 113、簇 2 个数为 262、簇 3 个数为 73，且在聚类结果展示图中，成功将车辆行为分为 3 类。但橙色（正方形形状）和绿色（星星形状）混杂在了一起，无法清楚地进行分类，因此需要进一步聚类分析，即使用"熄火滑行频率/（次/千米）""超长怠速频率/（次/千米）""疲劳驾驶频率/（次/千米）""急加速频率/（次/千米）""急减速频率/（次/千米）""速度标准差"和"速度差值标准差"属性进行第二次谱聚类。

由于第二次谱聚类方法和第一次谱聚类方法相似，区别在于"特征"选择的不同，所以此处不再赘述。构建后的工程如图 10-36 所示，聚类结果如图 10-37 所示。

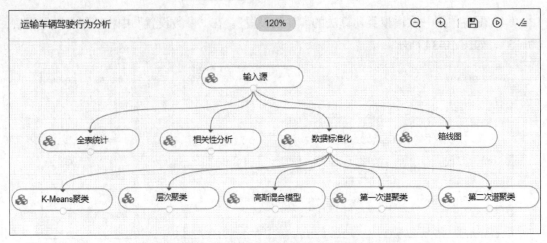

图 10-36　配置"第二次谱聚类"算法后的工程图

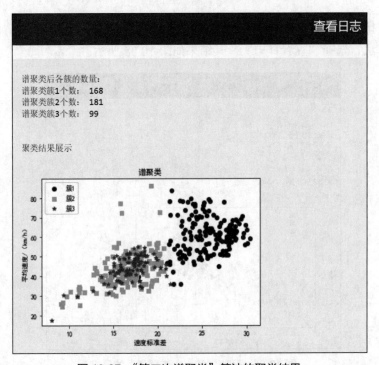

图 10-37　"第二次谱聚类"算法的聚类结果

由图 10-37 可知，进行第二次谱聚类后，所得到的谱聚类簇 1 个数为 168、簇 2 个数为 181、簇 3 个数为 99，驾驶行为能够较好地分成 3 个类别，由车辆速度标准差、平均速度等数据，可以大致判断出橙色（正方形形状）所代表的类别为"稳健型驾驶"；蓝色（圆点形状）所代表的类别为"激进型驾驶"；绿色（星星形状）所代表的类别为"疲惫型驾驶"。

10.2.4　构建驾驶行为预测模型

为了判定车辆驾驶行为属于哪种类型，本小节将分别使用线性判别分析、朴素贝叶斯和神经网络方法构建驾驶行为预测模型，并给出各模型的评价结果。

1. 构建线性判别分析模型

用户可通过构建线性判别分析模型来判定车辆驾驶行为，并对模型进行评价，步骤如下。

（1）创建一个"线性判别分析"个人算法。

（2）拖曳一个已创建好的个人算法"线性判别分析"至工程画布中，连接"第二次谱聚类"算法和"线性判别分析"算法。

（3）配置"线性判别分析"算法。单击画布中的"线性判别分析"算法，在"字段设置"中，单击"特征"旁的 ↻ 按钮后，选择"速度标准差""速度差值标准差""急加速频率/（次/千米）""急减速频率/（次/千米）""疲劳驾驶频率/（次/千米）""熄火滑行频率/（次/千米）"和"超长怠速频率/（次/千米）"字段，"标签"选择"labels"，如图 10-38 所示。

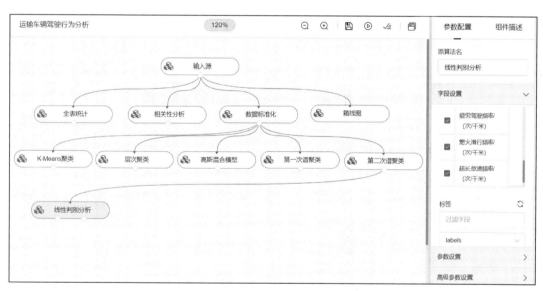

图 10-38　配置"线性判别分析"算法

（4）运行节点。右键单击"线性判别分析"算法，选择"运行该节点"，运行完成后，右键单击该算法，选择"查看日志"，即可发现线性判别分析模型的判别精度为 94.64%，说明该模型的判别效果较好。

2. 构建朴素贝叶斯模型

用户可通过构建高斯朴素贝叶斯模型来判定车辆驾驶行为，并对模型进行评价，步骤如下。

（1）拖曳一个"朴素贝叶斯"算法至工程画布中，并将该算法重命名为"高斯朴素贝叶斯"，连接"第二次谱聚类"算法和"高斯朴素贝叶斯"算法。

（2）配置"高斯朴素贝叶斯"算法的"字段设置"。单击画布中的"高斯朴素贝叶斯"

算法，在"字段设置"中单击"特征"旁的 🔄 按钮后，选择"速度标准差""速度差值标准差""急加速频率/（次/千米）""急减速频率/（次/千米）""疲劳驾驶频率/（次/千米）""熄火滑行频率/（次/千米）"和"超长怠速频率/（次/千米）"字段，"标签"选择"labels"，如图 10-39 所示。

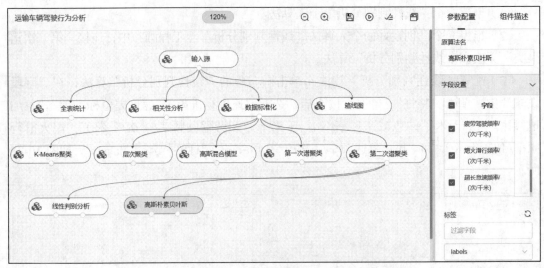

图 10-39　配置"高斯朴素贝叶斯"算法的"字段设置"

（3）配置"高斯朴素贝叶斯"算法的"参数设置"。在"参数设置"中将"类函数"设为"高斯朴素贝叶斯"，其余默认，如图 10-40 所示。

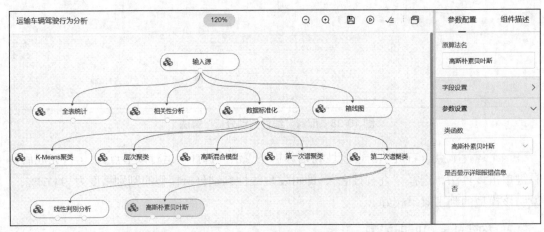

图 10-40　配置"高斯朴素贝叶斯"算法的"参数设置"

（4）预览日志。右键单击"高斯朴素贝叶斯"算法，选择"运行该节点"，运行完成后，右键单击该算法，选择"查看日志"，其结果如图 10-41 所示。

由图 10-41 可知，先验为高斯分布的朴素贝叶斯模型判别准确率为 74%，说明该模型的判别效果还算理想。

查看日志

模型评价指标

	index	precision	recall	f1-score	support
0	0	0.99	0.40	0.57	168
1	1	0.62	0.97	0.76	181
2	2	0.91	0.88	0.89	99
3	accuracy	0.74	448	None	None
4	macro avg	0.84	0.75	0.74	448
5	weighted avg	0.82	0.74	0.72	448

图 10-41　预览"高斯朴素贝叶斯"的日志

由于伯努利朴素贝叶斯模型的构建方法和高斯朴素贝叶斯模型的构建方法相似，区别在于"类函数"的设置不同，所以此处不再赘述。构建后的工程如图 10-42 所示，模型评价结果如图 10-43 所示。

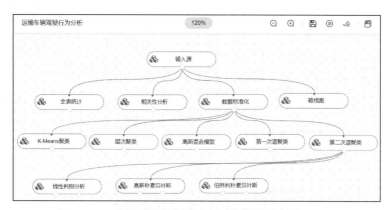

图 10-42　配置"伯努利朴素贝叶斯"算法后的工程图

查看日志

模型评价指标

	index	precision	recall	f1-score	support
0	0	0.91	0.96	0.93	168
1	1	0.96	0.90	0.93	181
2	2	0.87	0.90	0.89	99
3	accuracy	0.92	448	None	None
4	macro avg	0.91	0.92	0.91	448
5	weighted avg	0.92	0.92	0.92	448

图 10-43　"伯努利朴素贝叶斯"算法的评价结果

由图 10-43 可知，先验为伯努利分布的朴素贝叶斯模型判别准确率为 92%，说明该模型的判别效果较好。

3. 构建神经网络模型

用户可通过构建神经网络模型来判定车辆驾驶行为，并对模型进行模型评价，步骤如下。

（1）拖曳一个"数据划分"算法至工程画布中，连接"第二次谱聚类"算法和"数据划分"算法。

（2）配置"数据划分"算法。单击画布中的"数据划分"算法，在"字段设置"中单击"特征"旁的 ↻ 按钮后，选择除"车辆编码"以外的所有字段，如图 10-44 所示，"参数设置"默认其选择。

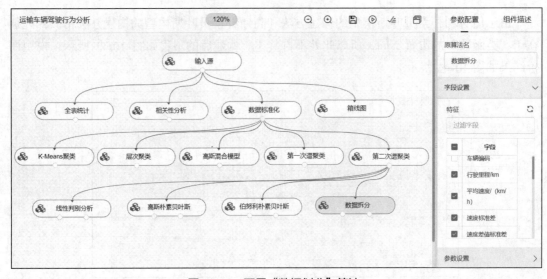

图 10-44　配置"数据划分"算法

（3）运行节点。右键单击"数据划分"算法，选择"运行该节点"选项，即可将数据划分为训练集和测试集。

（4）拖曳一个"神经网络"算法至工程画布中，连接"数据划分"算法训练集输出节点和"神经网络"算法，如图 10-45 所示。

（5）配置"神经网络"算法。单击画布中的"神经网络"算法，在"字段设置"中，单击"特征"旁的 ↻ 按钮后，选择除"labels"以外的所有字段，"标签"选择"labels"，如图 10-45 所示，在"参数设置"中，默认其设置。

（6）运行节点。右键单击"神经网络"算法，选择"运行该节点"选项，即可构建用于判定车辆行为类别的神经网络模型。

（7）拖曳一个"模型评估"算法至工程画布中，将"数据划分"算法测试集输出节点、"神经网络"算法和"模型评估"算法连接。

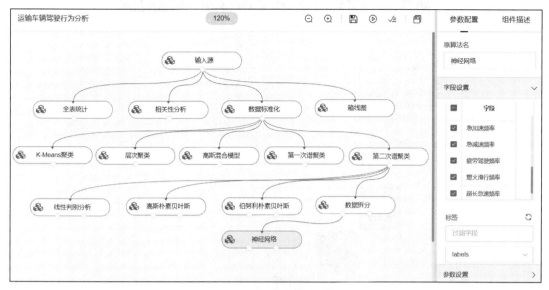

图 10-45　配置"神经网络"算法

（8）配置"模型评估"算法。单击画布中的"模型评估"算法，在"字段设置"中，单击"特征"旁的 ↻ 按钮后，选择除"labels"以外的所有字段，"标签"选择"labels"，如图 10-46 所示。

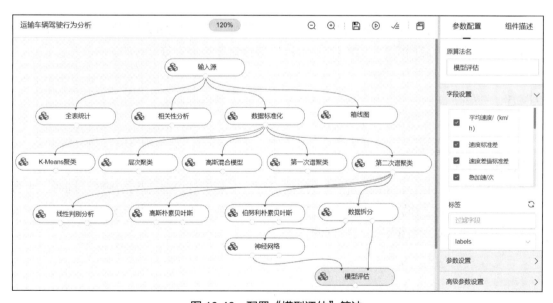

图 10-46　配置"模型评估"算法

（9）预览日志。右键单击"模型评估"算法，选择"运行该节点"，运行完成后，右键单击该算法，选择"查看日志"，其结果如图 10-47 所示。

235

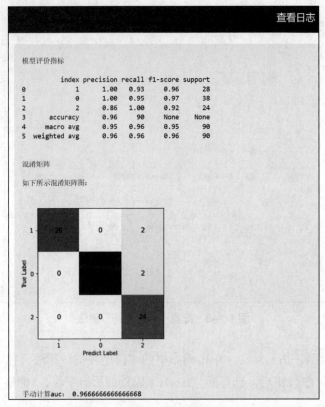

图 10-47　预览"模型评估"的日志

由图 10-47 可知，经训练后的神经网络，对预测类别值与实际类别值的识别率高达到
96.67%，则表明神经网络模型用作判别不良驾驶行为分类是十分可行的。

小结

本章介绍了如何在 TipDM 大数据挖掘建模平台上配置运输车辆驾驶行为分析案例，从
获取数据到数据探索分析，再到驾驶行为聚类分析，最后到驾驶行为预测模型的构建，向
读者展示了平台流程化的思维，使读者加深了对数据分析与挖掘流程的理解。同时，平台
去编程、拖曳式的操作方式，能够让没有 Python 编程基础的读者轻松构建数据分析与挖掘
流程，从而达到实现数据分析与挖掘的目的。